改寫人類未來的 CRISPR 和基因編輯

竄改基因

奈莎・卡雷◎著

陸維濃◎譯

貓頭鷹書房 275

竄改基因

改寫人類未來的 CRISPR 和基因編輯

Hacking the Code of Life

How Gene Editing Rewrites Our Future

奈莎・卡雷◎著

陸維濃◎譯

貓頭鷹

貓頭鷹書房

有些書套著嚴肅的學術外衣，但內容平易近人，非常好讀；有些書討論近乎冷僻的主題，其實意蘊深遠，充滿閱讀的樂趣；還有些書大家時時掛在嘴邊，但我們卻從未看過……

如果沒有人推薦、提醒、出版，這些散發著智慧光芒的傑作，就會在我們的生命中錯失——因此我們有了**貓頭鷹書房**，作為這些書安身立命的家，也作為我們智性活動的主題樂園。

貓頭鷹書房——智者在此垂釣

竄改基因

目次

當然，獻給艾比・雷諾

我去開車

前言

黎湛平　譯

二〇一八年十一月二十八日，一名中國科學家宣布雙胞胎「露露」和「娜娜」誕生；不幸的是，這並非「開心的父親與全世界分享女兒誕生的喜悅」的傳統劇碼。事實上，露露和娜娜雙親的身分至今成謎，而這位來自中國廣東省南方科技大學的副教授賀建奎之所以作此宣布，理由是這兩個嬰兒十分特別：她們是世界上第一對基因體遭科學家刻意修改的孩子：兩個女孩的DNA被「編輯」過了。換言之，如果她倆將來有了自己的孩子，這些刻意導入的基因變異即可能傳給下一代：他們的遺傳譜系已永遠改變。[1、2、3]

賀建奎採用的是「體外受精」、也就是試管嬰兒技術。他在這群胚胎還只是實驗室的一小團一小團細胞時，即動手編輯、修改DNA，然後再把這些胚胎細胞植回親生母親的子宮內。

這項消息一經宣布，立刻遭到全球研究人員批評圍剿。由於雙胞胎誕生的消息是在研討會場直接揭露，並未提供同儕審查報告，故現場分享的數據不夠詳盡亦不完整。然而，光是從這些已曝光的資料來看，眾科學家也能推斷賀建奎此次的基因編輯執行得並不妥當：兩個女孩可能成為某種「鑲嵌體」，即體內僅部分細胞帶有此一基因變異。此外，科學家也發現賀建奎導入的基因變異不甚精確：他選擇將目標基因不活化，使用的方法卻相對粗糙，最後以自然界不曾出現的方式改變了這個基因，勉強達成目的。

各位或許以為，某人即使干犯科學界怒火也要做出「改造人」，目的是為了拯救無辜孩子免受恐怖且必然發生的致命遺傳疾病所苦。令人遺憾的是，這類選擇多不勝數，賀副教授的選擇卻不在此列。他改變的是某個與「第一型人類免疫缺乏病毒」（HIV－1）感染有關的基因。

HIV－1會與人類細胞的特定受體結合，但結合本身並不足以確立感染；人體內另一種名為「CCR5蛋白」的趨化因子受體也必須同時活化，HIV－1病毒才能順利入侵細胞。高加索人約有百分之十帶有CCR5基因變異，故能防止HIV－1病毒進入細胞，所以這些人對某些株別的HIV－1病毒具有免疫力。

賀建奎修改露露、娜娜的DNA，讓兩人的CCR5基因無法製造有功能的CCR5蛋白，但他的做法卻不是讓兩人擁有前述那種相當於HIV－1免疫力的基因變異。賀建奎在研討會上表示，他之所以選擇修改這個基因，理由是兩女娃兒的父親驗出HIV陽性。「HIV陽性」在中國是極大的汙名，賀建奎想拯救下一代，不想讓孩子們承受隨汙名而來的社會壓力。

問題是賀建奎的說詞似是而非、避重就輕。HIV－1一般經由體液及親密接觸傳染，做父親的只要執行幾道簡單預防措施，就能在嬰兒出生後，以相對容易的方法避免將病毒傳染給孩子。但現在，露露和娜娜或許一輩子都不會是HIV－1高危險群，卻可能因此增加感染流行性感冒的機率，因為功能正常的CCR5蛋白也是對抗流感病毒的重要幫手。流行性感冒在中國十分普遍，有時甚至非常危險；賀建奎修改基因會不會讓露露、娜娜更容易罹患流感，誰也無法確定。

就算賀建奎的基因編輯技術毫無瑕疵，他的做法仍無可避免地引發各界憂慮。對於編輯基因可能造成的影響——尤其是此舉可能永遠改變人類的基因序列——全球科學家仍爭辯不休、苦無定論。生物學家、倫理學家、律師、監管人員和政界人士齊心探索這項複雜的新工具，試圖擬定一套架構體系，建構國際規範，確保這個工具能以妥當、負責任的方式為人所用，務求倫理考量先於科學實踐。參與制定規則的每一位專家學者亦明確意識到，他們必須和一般大眾充分對話，並且以謹慎的態度步步推進。

然而，賀建奎卻一舉擊碎眾人的審慎與努力。這次發表讓整個科學社群落入劣勢，讓科學家必須設法安撫大眾並盡快建立共識。研究人員尤其擔心政界強烈反彈，憂心他們在不理解的情況下遂基於恐懼而倉促引入新法，嚴重傷害這個仍處於發展階段、極可能大有可為的新興領域。說來奇怪，同儕的反應似乎令賀建奎頗為驚訝，甚至嚇了一跳，但他好似完全不在意自己造成的衝擊與影響，竟已做出第三枚改造胚胎、並植入另一名女性體內。也就是說，這個世界即將再添一名基因腳本已永遠改變的人類寶寶。

不只西方學界強烈譴責賀建奎的作為，中國官方亦迅速做出懲處：學校官網及多個網站撤下他的所有學術論文，政府也發表聲明，強調其立場與外界一致、同感驚愕不解。中國此舉並不教人意外。中國一直想在國際科學社群站穩舉足輕重的地位，惟賀建奎事件卻加深各國對中國在倫理基礎、研究誠信方面的疑慮，著實幫了倒忙。

筆者實在很難不同情賀建奎。放眼國際，少有哪個備受矚目的科學家被迫面對來自科學社群、倫理誠信與政治批評的三方夾擊和怒火。

不過，從其他方面來看，這個「華麗的錯誤」最不可思議之處乃是這個錯誤打從一開始就有可能發生。事發六年前，光是想像都覺得「編輯基因」根本天方夜譚，因為改造人類胚胎基因體的成功率微乎極微。但二〇一二年的重大突破狠狠扯開地球上所有生命體的遺傳結構，從人類到螞蟻、從稻米到蝴蝶，無一不成。這套方法讓全球每一位生

第一章　早期發展

Homo sapiens，「智人」（Wise man）

一七五八年，當卡爾．林奈首度將人類納入他為所有生物設計的科學分類系統時，給了我們「智人」的名號。就算可以先不管「man」意指男人這樣明顯存在性別偏見的命名方式，但「智人」真的是用來描述我們的最佳方式嗎？畢竟，劍橋英語詞典對「智慧」的定義是這樣的：「利用知識和經驗來做出良好決策和判斷的能力。」看看我們所創造的世界，再看看我們正在毀壞的世界，各位可能會開始感到納悶。無庸置疑地，人類向來是成功的物種，看看地球上人類多得不成比例就知道了。但透過大多數其他生物的觀點來看人類，我們是有害生物，是瘟疫。所以，也許我們該給自己另外想個名字，但那會是……？

或許，（容我先向世界各地的拉丁文學者道歉）我們可以自稱「*Persona hackus*」，也就是「破解事物的人」？因為人類出現以來一直這麼幹：「看看那個洞穴——若有幾隻野牛，畫面看起來不是更好嗎？」「看看這塊燧石——我可以敲出一些尖銳的邊緣，再用它來支解野牛當晚餐吃。」起初，我們開發電腦是為了破解密碼，在全球性的衝突中贏得勝利，六十年後，我們利用電腦讓十足的陌生人看到我們如何針對 Ikea 的 Billy 書櫃發揮創意。我們破解、改造、設計、改變——我們創造。我們是人類，無法自拔的人類。

在人類這種破解事物的習性裡，有一項對世界影響最大。那就是對食物的破解。現有證據顯示，大約一萬兩千年前，農業開始在肥沃月灣這個地區發展起來。在當今的巴勒斯坦、伊拉克、約旦、以色列、伊拉克西部、土耳其東南部和敘利亞，遺傳背景各不相同的許多人群，似乎在這些地方各自獨立從事農業。從過著游牧生活的狩獵採集者，轉變成過著定居生活的農人，這可能是個漸進過程，但絕對跟人類的改造能力有關。人類開始選擇穀粒最大的穀物、產量最多的豆類，並且選擇性地種植它們。在幾次生長季期間重複這樣的過程，培育出更具營養價值的收成，並從中選出許多我們如今賴以為生的作物。

這些早期農人不只改變了植物的發育，還選擇性地培育出有用的動物特徵，從牛、綿羊、山羊的產乳量和產肉量，到馬匹及犬隻的馴良性和陪伴性。

創造食物來源讓族群可以定居在某個地方，這舉動帶來的後果影響深遠。當定居的規模愈見龐大與複雜，社會階級受到強化與延續，像文字這樣的系統也有過多次發展，因為統治者想要對體制和人群進行監督和管理。食物產量的提升，以及趁豐收時儲存多餘食物的能力，讓社會得以發展，人人各司其職，使得文物大量增加。

說來驚人，幾乎所有的人類活動——管他是好的、壞的，還是不好也不壞的——都是起因於我們學會了如何破解其他生物的遺傳物質。透過選擇具備我們視為有用或有吸引力等特徵的個體，人類改變了現存物種的演化路徑。我們把自己的喜好加諸在這些物種身上，破解遺傳中獎率，從稻米到公雞、從蜀黍到暹羅貓，所有生物身上留存下來並傳遞給後代的基因，都被我們以無法挽回之姿加以改變。

當然，從早期農人到對達爾文有莫大啟發的觀賞鴿育種者，都不知道自己正使其他物種的遺傳學發生偏轉。他們根據可見、可聽、可聞、可嚐，或可用其他方式欣賞的實際特徵來選擇要培育的個體。他們希望自己感興趣的特徵是「純種」（bred true）特徵，也就是會出現在後代身上的特徵，甚或是在後代身上會表現得更好的特徵，但他們絲毫不知道，這些特徵如何從親代傳遞到後代。

在布爾諾（位於當今捷克共和國）聖多默隱修院工作的奧地利修士——葛雷戈・孟德爾，踏出第一步，正式建立了這種以數據為基礎的理論。孟德爾非常有系統地針對不同豌豆品系進行雜交，檢驗雜交而得的子代，計算特徵（如豌豆種子表面光滑或有皺摺）的數量。他確定親代的某些特徵會以特定比例傳遞給子代，為了解釋這些發現，他認為有隱形因子支配著豌豆的外觀，而這所謂的隱形因子，就是遺傳的基礎單位。

一八六六年，孟德爾發表了他的研究成果，當時幾乎無人意識到這份研究的重要性。直到一九〇〇年，他的研究成果才重見天日，他所做出的結論才開始受到注意。一九〇九年，丹麥植物學家威漢．約翰森首度使用「基因」一詞來描述這些隱形的遺傳基礎單位。約翰森沒有推測基因的組成，直到一九四四年，來自紐約的加拿大籍科學家奧斯瓦．艾佛里才解決了這個問題，他證明孟德爾所謂的隱形因子由DNA構成。後續所有遺傳相關的研究，都立基於艾佛里的研究之上，令人意外的是，艾佛里並未獲得諾貝爾獎。

此後，步調快了起來。艾佛里的研究論文發表後，不到十年，性情急躁的英國科學家弗朗西斯．克里克，和性子比他更急的美國同事詹姆斯．華生，宣布兩人已解開DNA結構之謎。他們之所以能建構著名的雙股螺旋模型，絕大部分有賴羅莎琳．富蘭克林的研究數據。富蘭克林在倫敦國王學院工作，莫里斯．威金斯是她的上司。很快地，這項盛事引來了諾貝爾獎的注意。一九六二年，上述三位男性獲獎。一九五八年，年僅三十七歲的富蘭克林因卵巢癌病逝，而諾貝爾獎並沒有追封的傳統。

首度打破遺傳高牆

一九七三年，華生－克里克DNA結構發表過後二十年，兩位懷抱著天真想法的科學家，合作進行了一系列現在看來可謂經典傳奇的實驗。斯坦利．科恩出生於新澤西州的伯斯安波易，在父親的鼓勵之下，發展出對求知的熱情[1]。小科恩一歲的賀伯．博耶出生於賓州德立鎮，他的家庭成員對科學所知不多，也興趣缺缺[2]。兩人皆深受遺傳研究的吸引，一九七〇年代時也都任職於加州知名機構：科恩在史丹福大學，博耶則在加州大學舊金山分校。

科恩和博耶的驚人成就在於，他們開發出在生物之間轉移遺傳物質的方法。他們能夠選擇想要轉移的遺傳材料，而且讓轉移過後的遺傳材料在新寄主體內仍能發揮作用。一開始，他們在不同種類的細菌之間進行DNA轉移實驗。接下來的突破甚至更為驚人：他們將細菌的DNA轉移到青蛙的細胞裡，並證實轉移過後的DNA在新家也能夠正常作用。

科恩和博耶可謂打破了長期以來存在於個體和物種之間的藩籬，此舉隱含巨大意義。一九七三年以後，就遺傳角度而言，再也沒有天生純粹的生物。科學家已有能力從根本之處對地球上所有生物進行改造——從DNA下手。基因工程的時代已然來臨。

有辦法改變局勢的人在世時，總是不受重視，得不到認同，甚至潦倒以終，這是我們多數人習以為常的現象。梵谷大概是最經典的代表，但還有許多人也是如此，好比莫札特和愛倫坡。科學界也不免俗，我們已經看到孟德爾和富蘭克林的例子。

但科恩和博耶絕對沒有這種遭遇，他們顯然名利雙收。的確，他們並未得到諾貝爾獎＊，但他們幾乎囊括了科學界其他所有重要獎項。兩人的雇主為他們的發現申請專利，保護研究成果，使得加州大學舊金山分校和史丹福大學賺進了數億美元，而專利發明人通常也可以從中分得利潤。彷彿嫌這般成就不夠令人欽佩似的，博耶還成立了一間可謂史上最成功的生技公司——基因泰克（Genentech）——生產改變生命和拯救生命的藥物。

很快地，生物界幾乎所有學科的科學家都開始採用、改良這項不得了的新工具。基礎技術因而有所擴展，使用起來更快速、容易，成本也更低廉。將近五十年的時間裡，這些技術所提供的方法，讓科學家有更驚人的新突破，從治療人類罕見疾病的基因療法，到每年可以拯救數百萬條人命、營養程度更加提升的稻米。儘管透過這些工具，科學家能夠處理的問題範圍更加廣闊，但究其根本，這項技術其實並沒有改變，完全可說是停留在科恩和博耶發展此法時，那個流行喇叭褲、厚跟平底鞋以及《檀島警騎》影集的年代。

直到二〇一二年，情況有所改變：一項新技術崛起，再次改變我們操控活體生物ＤＮＡ的方式。這項新技術成本便宜，使用起來簡單、快速、靈活至極，而且或可喻為是科恩－博耶技術中的矽晶片。想要知悉箇中緣故，我們必須進一步了解ＤＮＡ。

ＤＮＡ基礎認識

幾乎所有生物都以ＤＮＡ做為遺傳材料。ＤＮＡ是去氧核醣核酸（deoxyribose nucleic acid，唸起來有點繞口）的英文字首縮寫。幫助理解的方法是把ＤＮＡ想成文本或書籍所用的書寫文字，任何書寫文字的基礎都是由字母組成的字詞，而ＤＮＡ所用的

＊作者注：另一位研究學者保羅．伯格（Paul Berg）對重組ＤＮＡ進行基礎研究，因而獲得一九八〇年諾貝爾獎。

字母只有四個，即A、C、G和T，它們所代表的其實是鹼基，但稱之為「字母」或許比較適合用來了解DNA。

生命如此複雜，但生命的基本字母卻如此簡單，這似乎有點奇怪。但這四個字母的數量只要夠多，還是能做很多事的。我們都是父母愛的結晶，從父母身上拿到共約三十億個字母，這些字母以非常特定的順序排列著。在各位體內，這三十億個可以安放字母的位置上，絕大部分安放著和父母一樣的字母，但大約每隔三百的位置，各位的字母會和父母有所不同，例如：母親所用的字母是T，而父親所用的字母是G，這表示每個人的DNA序列上，可能有一千萬個位置的字母和別人不同[3]。

人類彼此間之所以有如此大的差異，這就是其中一個原因。因為在這一千萬個可能發生變化的位置上，我們繼承了不同的字母組合，所以每個人的DNA文本各不相同。這也是為什麼每個人跟家族近親彼此相似的程度，會比跟陌生人來得高：因為我們有著共同的近期祖先，所以更有可能繼承相似的遺傳變異。你會長得像你媽媽，而不是你伴侶的媽媽。

同樣地，人類之間遺傳文本的相似程度會遠高於人類和其他物種。人類和其他生物DNA字母排序方式不會一樣。回溯物種演化史，人類和某種生物的共同祖先出現時間若愈早，兩者DNA字母排序方式的差異就愈明顯。比較人類和黑猩猩的DNA字母序列，兩者有百分之九十八・八的相似度[4]。人類和香蕉之間的DNA字母序列相似度則為百分之五十，但這並不表示我們算得上是半個香蕉。序列相似度的計算方式很複雜，導致精準的計算結果會造成一些誤導，但各位知道重點就好。

博耶和科恩帶來的突破進展，給了科學家研究及使用活體生物遺傳材料所需的工具。與其推論哪一個特定區域的DNA很重要，不如找出有興趣的特徵，讓具備或不具備這些特徵的個體進行雜交，讓DNA自己解決問題。

我們也可以用遺傳物質直接檢驗相關假說。舉個例子，如果你認為某種細菌品系的某段DNA和抗藥性有關，用博耶和科恩的方法就能快速檢驗你的想法。只要從具有抗藥性的細菌體內取出相關的DNA片段，再把這段DNA放進正常狀況下會被抗生素殺死的細菌體內，如果經過基因工程改造後的細菌變得具有抗藥性，對於這段DNA所扮演的角色，你會更有信心地認為自己的推測是對的。

若把DNA視為字母，那麼我們就可以把生物體內由字母組成的完整序列看成是一本書。這樣的完整序列就是所謂的基因體，而基因——一段DNA序列，組成孟德爾所謂的隱形遺傳因子——則是書中的段落。

通常，基因的產物是蛋白質。蛋白質是一種分子，負責執行活體生物細胞和身體內的許多活動。紅血球內負責攜帶氧氣的血紅素，在我們用餐過後負責吸收血糖的胰島素，以及我們眼睛裡的視紫質，都是蛋白質。

除非是特別前衛的作家，否則通常作家的書籍著作都是由段落組織而成。有時候，作家可能在寫了一段後，發現這個段落的位置不對，想要把它插入書中其他地方。想想早期的作家，好比瑪麗·雪萊那年代，這樣的過程是很麻煩的。但對史蒂芬·金這樣的現代作家來說，調動書籍的段落不成問題，只需要在電腦上執行剪下和貼上的動作就行了。博耶和科恩的革新技術，其實就是讓研究人員可以對基因體執行剪下和貼上的動作。

通常，作家會在單一文本（如書籍）中執行剪貼動作，但若想把剪下的段落貼到另一本完全不同的書上也毫無問題。第一代的基因工程就具備這樣的能力，科學家終於可以把某種生物的「遺傳段落」貼到另一種生物體內。把水母體內特定的ＤＮＡ（即基因／遺傳段落）轉移到小鼠的基因體之後，製造出在紫外光照射下會閃爍藍綠色光芒的小鼠。其他數千種應用方式應運而生，對基礎研究和實際應用都產生了重大影響，像是改良作物或創造人類疾病的新療法。

不過，即使研究人員對這項基礎技術進行許多改良，還是有根本上的問題阻礙了技術發展。對細菌進行基因工程很簡單，細菌的基因體很小，而且要讓細菌吸收外來的新基因也很容易，創造經過基因工程改造的細菌，只需要幾天時間。相同的實驗在哺乳類動物身上就複雜多了。首先，要讓哺乳類動物的細胞接受新的基因比較困難。如果你希望實驗對象是活體生物——好比一隻活生生的小鼠，而不是實驗室裡的小鼠細胞株——那麼你得把DNA注射到小鼠的受精卵裡，再把受精卵植入母鼠體內，然後希望這些小小的胚胎可以發育成長。萬一失敗，你可能就浪費了幾個月的時間，而競爭對手就在這段期間超越了你，你的補助經費彈盡援絕，而且沒有實際成果可以示人。

作家對草稿進行剪貼動作時，會控制剪下的段落該移到哪裡，這是件好事，因為隨意安插很少會有好結果。不過，最初始的基因轉移技術很難控制基因插入的位置，這造成很大的問題。因為在基因體裡，基因位置會大大影響活體生物的基因表現。把基因安插在錯誤的位置，就像把芭蕾舞伶塞到混凝土裡，或是把海豹放在彈跳床上。最後的結果可能怪異地很有趣，但你不太有機會得知跟這個基因正常活動有關的資訊。

二〇〇一年，科學家終於獲知人類基因體的完整序列，就是由三十億個字母組成的完整遺傳資訊。人類的基因體其實並不像一本書，比較像一套可以堆滿兩米高書架的多冊著作，蘊含相當有用的資訊。生命之書記錄在案的物種並非只有人類，其他超過一百八十種物種的基因體也已經完成定序，而且這個數字正持續增加當中[5]。

這段期間，科學界的好奇心與日俱增。只要有新技術出現，科學家透過實驗能處理的問題範圍就愈廣。不過，科學家的好奇天性也說明了我們總是想要探究更精細、更複雜的問題。即使四十多年以來，科學家不斷改良博耶和科恩的方法，但此法的局限性不斷加深科學家的挫折感。

如果，我們不去探究一個完整基因（遺傳片段）的活動，而只是想要知道一個字母所扮演的確切角色呢？畢竟，名片上印著「in『t』erior」（室內）設計師或「in『f』erior」（二流設計師）是有差別的吧？當然了，名片篇幅有限，包含的字母不多，換成由三十億個字母組成的人類生命之書，單一個字母真的同樣如此重要嗎？這個嘛，答案是肯定的。男孩體內有個特定基因，只要有一個字母發生變化，就會對健康造成重大影響[6]，典型的症狀包括痛風、腦性麻痺、智能不足，還會出現啃咬嘴唇和手指的自殘行為[7]。這只是一個例子罷了，還有其他數百種（甚至數千種）人類疾病，是因為單一字母發生錯誤而引起的。

在複雜的基因體中，利用初始的基因轉移技術來製造單一個字母的改變，是一件非常困難、所費不貲又耗時的任務。想要在遺傳之書的不同位置同時改變幾個字母，更是難上加難。但是，倘若我們想研究人類基因體中這一千萬個可變化的字母中，其中某些字母到底是如何共同作用，進而影響我們的生命，就非得克服這個艱難的任務不可。

正因如此，二〇一二年開始發展的全新技術才具備如此重大的突破性。科學家幾乎是一次越過了既有方法存在的技術局限。在這番振奮人心的新氣象中，任何實驗室都能以便宜、快速又簡單的方式處理令人醉心的新問題，在技術上獲得成功的機率很高，成果也能達到過往夢想中的精準程度。歡迎來到基因編輯這個十分美妙，又時而令人擔心的新世界。

第二章　打造破解生命密碼的工具箱

這是地球史上頭一遭：一種物種能夠改變自身以及其他生物的基因體。因為有了基因編輯技術，只要有適當設備，以及具備相對基礎科學技能的人員，任何實驗室都能改變生物的基因體。改變天擇留下來的遺傳原料，逐漸變成一種商業行為。每週都有新的工具出現，讓這個過程變得更快、更便宜，甚至更精準，有著更高的靈活性和應用性。不過，這些都是最初始的技術經過強化和變化後的結果。那麼，值得一問的問題來了：是誰發明了這美妙的新方法？他們又是如何做到的呢？

科學進展是一項跟可能性有關的藝術

有時候，科學以非常有方向性的態勢前進。有需求出現，科學家就挺身而出，找到滿足需求的方法。想想美國太空總署，為了回應甘迺迪總統對美國太空計畫懷抱的雄心壯志，科學家發展出把太空人送上月球的科技，更重要的是，還得讓太空人安全返回地球。再想想葛楚德．艾利恩和她的同事，他們創造出硫唑嘌呤，這是第一種真正可以預防移植器官後發生排斥的藥物，在臨床上實現了醫學界的夢想。

但是，這些並非科學的常態，科學進展通常不是這麼發生的。首先，一項技術或革新得先來到發展週期的晚期，方法才能產生作用，我這麼說並無意貶低先前提到的那些成果卓越的研究工作，只要基礎學科夠先進，遠大的雄心抱負終會實現。政治意圖固然重要，但它無法克服技術上辦不到的事。當維多利亞女王提出想法，認為她的諾福克鄉間宅邸附近若有個火車站會很方便，一條鐵路支線和一座車站於焉誕生。如果女王希望能把最勇敢的朝臣送上月球，這目標無可避免地終會落空，因為在科技演進史上，當時完全沒有方法可以達成這個目標。

一九七一年，尼克森總統「向癌症宣戰」，但至今全球每年仍有超過八百萬人因癌症喪命[1]。當時，我們對各式癌症的了解不足以實現這樣的政治抱負。

事實上，偉大的科學性或技術性發展，大多數源自於好奇心所驅使的研究。一九七八年，史上第一位「試管嬰兒」，也就是體外受精的嬰兒露薏絲・布朗誕生。到了二〇一二年，根據估計，有五百萬名嬰兒的出生，都是拜這項臨床干預措施所衍生的各種方式所賜[2]。不過，這種現象能夠成真都是因為自二十世紀初開始，生物學研究累積數十年的發展所致。投入這些基礎研究的科學家，動機並不是為了解決人類的生育問題，好讓無後的女性可以成為母親，他們只是對基礎的生物發育過程感到好奇罷了。唯有等到發育生物學這個領域的研究已經非常先進，體外授精才有可能成真。

基因編輯也是如此。因為基因編輯是一項足以改變局勢，滿足大量技術需求的科技，我們很容易誤以為這項科技建立過程中的每一步，都是因為想要找出更好的方法來破解基因體。但事實並非如此，相反的，這個領域之所以能夠打下基礎，是因為一位西班牙科學家，他發現他所研究的某些細菌擁有奇怪的DNA序列。

當細菌開始作戰

影響力十足的科幻小說家，同時也是科學家的艾薩克・艾西莫夫曾說：「科學界最令人興奮的一句話，預示新發現即將來臨的一句話，不是『我發現了！』，而是『這挺有趣的……』。」基因編輯這個領域的開展，始於一位在西班牙阿利坎提大學進行博士研究的二十八歲博士生，范西斯科・莫西卡。當時，莫西卡正在定序某種細菌的基因體，在分析實驗結果時發現某些看來不尋常的序列。他並沒有得到「我發現了」那種靈光乍現的時刻，但更重要的是，他也沒有忽略這些既瑣碎又無聊的小地方，反倒認為

圖一　范西斯科·莫西卡在細菌中找到的奇特重複區域結構示意圖。實心三角形代表由三十個字母組成的相同序列；其他圖塊代表莫西卡所發現的，由三十六個字母構成的不同序列，莫西卡意識到這是病毒感染留下的紀錄，讓細菌的防禦系統在未來能阻止相同病毒發動攻擊。

「這挺有趣的」。

莫西卡獲得博士學位，也終於建立了自己的研究團隊。儘管幾乎得不到任何補助經費，同僚對這塊科學領域也興致缺缺，莫西卡還是無法忘懷那些有趣的序列片段。他對更多不同種類的細菌進行定序，到了千禧年左右，距離初次發現這些序列已經過了七年，莫西卡在二十種不同物種上都找到了相同的奇怪序列[3]。

這些序列究竟有什麼奇特之處，深深擄獲了莫西卡的心神呢？這些同樣的序列大約由三十個DNA字母所構成，而且會重複出現多次，兩次重複之間大約隔著三十六個DNA字母。這三十六個字母彼此都不同，莫西卡稱之為「間隔序列」（見圖一）。

沒有經費來源，莫西卡的實驗嚴重受限，無法研究這些奇特序列的功能。這種由三十個字母組成的重複序列從來沒有任何相關報告，想要知道它們的功能，實在不知從何下手。所以，過了一陣子之後，莫西卡把注意力轉移到存在於重複序列之間，由三十六個不同字母組成的間隔序列。科學家對各種廣泛物種的基因和基因體進行定序後，會把資料上傳到資料庫中。一次又一次地，莫西卡把這些間隔序列逐個上傳到資料庫中進行比對。一開始，莫西卡沒有找到任何相符的序列。但世界各地的科學家每天上傳的序列資料愈來愈多，二〇〇三年的某一天，莫西卡終於比對成功。

當時，莫西卡剛針對一種大腸桿菌品系的間隔序列進行定序，這段序列和資料庫中的一段新序列（來自可感染細菌的病毒）比對成功。莫西卡定序的可不是什麼古老細菌，而是大腸桿菌啊。更甚者，這種含有病毒間隔序列的大腸桿菌品系，也正是對病毒有抗性的品系。

有了這項振奮人心的發現，莫西卡煞費苦心地把他定序得出的所有間隔序列——共計有四千五百個——再次全部輸入資料庫進行比對。這一次，有八十八個序列比對成功，比對符合的結果中，約有百分之六十五來自同一種病毒，而這種病毒可以感染具有這些間隔序列的細菌[4]。

回顧了細菌品系及病毒的相關知識，莫西卡得以做出結論：他認為細菌具備這種間隔序列，和細菌能夠抵禦同樣擁有這種間隔序列的病毒，這兩件事是有關聯的。因此，他推測間隔序列的存在，某種程度是免疫系統有所回應的證據，說明細菌已經發展出對抗這種侵略性病毒的方法。

莫西卡花了一年半的時間，嘗試發表他的研究發現。將研究成果發表在著名期刊上，對科學家而言至關重要。不僅對個人的資歷有所助益，證明你是成功的科學家，提升獲得補助經費的機會，同時還可以增加其他研究人員看到自己苦心研究的機會，從中學習，進而推進科學發展。不過，莫西卡聯繫的每一份著名期刊都回絕了他的投稿。心灰意冷之餘，因為擔心其他人也會發現這份關聯，並搶先一步發表成功，最後，莫西卡在二〇〇五年把成果發表在一份沒沒無名的期刊上[5]。

莫西卡決定發表研究成果，也許是個明智的決定，因為當時這些奇怪的細菌序列也引起了少數研究人員的興趣。他們跟莫西卡一樣，腦中並沒有創造基因編輯這種技術的想法，而是在研究監控生物戰製劑，或提升優格商業產量的新方法時[6]，碰巧發現了這些序列。跟莫西卡一樣，他們也認為細菌透過某種方法，利用這些重複序列來保護自己，避免病毒感染。同樣愈見明朗的是，細菌基因體中這些奇特序列所在的相同區域內，還含有蛋白質編碼基因，但一開始科學家並不清楚這些蛋白質的功能。

二〇〇七年，全球頂尖的《科學》期刊登出了一篇研究報告，科學界方才意識到這些細菌序列的重要性。這篇研究報告證明這些重複序列確實提供抵禦病毒的保護功能，但這還需要蛋白質的參與，而這些蛋白質則是由細菌基因體中，鄰近這些重複序列的基因所產生。基本上，遭受病毒感染後還能倖存的細菌，會複製一部分的病毒基因，並將其插入自己的基因體中，就像那些在重複區域中出現，由三十六個字母組成的間隔序列。如此一來，後續遭遇相同病毒攻擊時，細菌就能具備抗性[7]。

此時，相關研究的步調開始升溫。科學家證實，在遭受病毒感染期間，細菌會針對發動攻擊的病毒，找出自身基因體中相關的重複序列加以複製，這些複製出來的序列會和病毒基因體中的匹配區域結合。一旦發生這種情況，在細菌重複序列附近的其中一種蛋白質譯碼基因就會開始作用，產生蛋白質攻擊並摧毀病毒的ＤＮＡ，終止病毒感染[8]。至此，所有相關研究都是由對細菌，以及對細菌如何保護自己對抗病毒有興趣的科學家進行。但是，到了二〇〇八年，至少有些期刊文章的作者已經開始推測，這件事還有更廣泛的含意。以細菌為材料所得到的實驗數據清楚指出，這些重複序列是免疫功能不可或缺的要件，而且基本上必須是保持不變的。不過，科學家可以用新的間隔序列取代自然存在的間隔序列，要是新的間隔序列也能在病毒基因體中找到匹配的區域，細菌的免疫系統一樣會分解病毒的ＤＮＡ。換句話說，間隔序列就像可以抽換的卡帶，科學家也許能藉此隨意破壞任何匹配成功的ＤＮＡ序列[9]。

這個性質新奇又饒富趣味的作用機制，開始激發科學家的想像力，針對細菌免疫系統這項機制進行研究的實驗室愈來愈多。科學家梳理這個系統在細菌體內運作的詳盡細節，找出究竟是重複序列區域的哪個部分、哪種蛋白質才是讓這個系統完美運作的必要條件。

二〇一二年六月二十八日，《科學》線上版刊出一篇石破天驚的文章[10]。內容是伊曼紐・夏彭提耶和珍妮佛・道納兩人實驗室共同研究的成果。其中特別借鏡夏彭提耶先前的研究成果：當時她在細菌體內鑑定出另一段對後天免疫反應而言，極為重要的DNA序列。這篇由兩位女性發表的研究文章中，有三個了不起的成就：第一，科學家簡化了這個系統。在自然狀況下，細菌必須從自身基因體中至少兩個不同區域進行序列複製，才能鎖定病毒DNA。夏彭提耶和道納打造了一個混合版本，只需要一個包含這兩個區域在內的分子就行。第二，她們證明了要驅動毀滅「外敵DNA」的程序，只需要一種鄰近基因所產生的蛋白質。第三項偉大的成就則是，她們讓這個系統在溶液中就能發揮作用，不需在細菌體內。

這是突破性十足的進展。藉由在試管中直接製作、運行這個系統，夏彭提耶和道納解放了這項技術，再也不用受限於細菌的世界裡。兩位女性對這些發現所隱含的意義很敏感，在文章的摘要部分也提出推測，認為她們的發現「強調了這個系統應用於……可調控性基因編輯的潛力」。但要成為真正有用的技術，這個系統得要能在細胞內運作。

僅僅七個月過後，張鋒實驗室所發表的文章同樣登上了《科學》期刊，文中證實這項新方法確實可於包括人類細胞在內的細胞裡運作[11]。人類真的擁有破解生命密碼的能力了。

基因編輯如何運作？

有了這項新技術，科學家得以用驚人的速度、方便性、精準度和低成本破解地球上任何一種生物的基因體，而且基礎原理簡單得不得了。這項技術的最初版本，基本上採用了夏彭提耶和道納建立的實驗流程和材料，只需要兩個主要的外來成分。

其中之一是所謂的「引導分子」。引導分子的原料是RNA，是一種和DNA有關的分子。如同DNA，RNA分子也是由四個字母所組成。不同的是，RNA是單股分子，而DNA是雙股分子。DNA會形成經典的雙股螺旋結構，兩股由DNA字母組成的分子互相結合，而RNA只有單股分子。這個單股性質是RNA在基因編輯中發生作用的重要因素。

且讓我們把DNA分子想像成一條巨大的拉鍊，拉鍊的每一齒都是四個遺傳密碼字母的其中一個。基因編輯過程中，RNA構成的引導分子會沿著這條巨大的拉鍊滑動，想辦法擠進鍊齒之間。大多數時候，這是不可能的任務，但如果引導分子在DNA序列中找到跟自身序列相同的位置，它就能夠擠進DNA的雙股螺旋結構裡。根據我們對基因體的現有知識，科學家可以輕易創造出只會跟單一股DNA序列（好比會引發疾病的突變所在位置）結合的引導分子。

現在，引導分子已經在我們希望的位置上，基因編輯過程中尋找目標的動作已經完成。接著要靠第二種外來成分——蛋白質——來發揮作用。這種蛋白質就像一把分子剪刀，可以剪開DNA的雙股螺旋結構。這些剪刀不會隨意亂剪，也不是在基因體裡隨處亂晃，它們只會剪開有引導分子插入的DNA。這是因為引導分子裡包含一段可供蛋白質剪刀辨認的序列。蛋白質剪刀只有在與插入DNA裡的引導分子結合之後，才會開始剪開DNA，基礎過程如圖二所示。

這樣的剪切動作會造成DNA受損，但所有細胞都具備可以快速修復DNA的機制。事實上，DNA修復機制的速度優於準確度，修復結果可說稍嫌拙劣。DNA分子

基因編輯

CRISPR/Cas9 是一種 DNA 編輯技術，就像生物版的文書處理程式中的「尋找及取代」功能。

作用方式

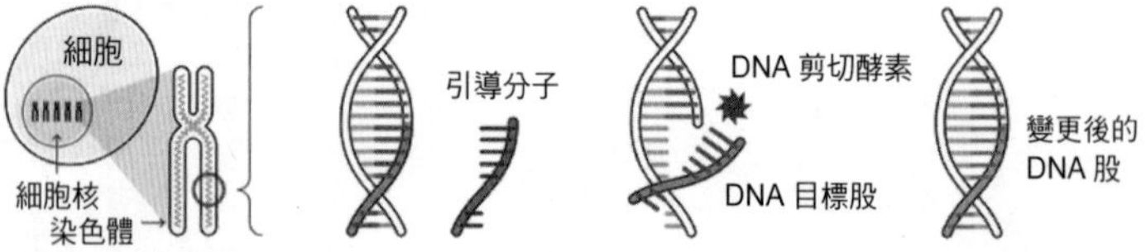

以酵素複合體對細胞進行轉染，酵素複合體包含：
- 引導分子
- DNA 剪切酵素

經過特殊設計的合成引導分子找到 DNA 目標股。

酵素將 DNA 目標股剪下。

黏合後的 DNA 股進行自我修復。

資料來源：路透社、《自然》期刊、麻省理工學院

圖二　基因編輯的基本原理

單股的引導分子以及可以切開 DNA 的酵素（剪刀）是兩個重要元素。透過化學合成而來的引導分子，序列與研究人員想要改變的基因匹配。當這兩個重要元素進入細胞核，引導分子會與序列匹配的 DNA 結合。作用如剪刀的酵素則會切開引導分子插入點附近的序列，正常的細胞修復機制會使切開的 DNA 序列重新結合，剪下和引導分子匹配的序列，這會導致 DNA 序列發生改變。儘管已有許多方法上的變革讓科學家製造愈來愈精確的改變，例如：僅置換單一個 DNA 字母，但所有類型的基因編輯技術都建立在這個原理上。

鬆開的兩端會再次結合起來，但接合點的序列不會和原本的序列完全相同，後果通常會導致這個曾被剪開的基因不再具備功能。

這樣的方式是我們現在所稱的第一代基因編輯*，用早期的名片製作過程來打個比方，因為印刷出錯，把「interior」designer（室內設計師）誤植為「inferior」designer（次等設計師）。透過第一代基因編輯方式，印錯的字當中會插入多餘的字母，或者有字母遭到刪除，導致「interior」可能變成「inferantior」或「inior」，兩者顯然是毫無意義的字，但起碼可以避免別人看到名片時，以為你選擇家具或室內陳設的功力很蹩腳。

從印刷角度看來，這種技術用途似乎有限。但在遺傳學的角度，這是一種阻止基因作用的絕佳方式，可以產生極大用途。科學家可以藉此測試假說，檢驗特定基因在細胞

*作者注：這項技術稱為CRISPR-Cas9，各種不同版本的基因編輯技術大多建立在這項基礎機制之上。除非另有說明，否則文中即以「基因編輯」泛指使用這個方法或相關改編方法的所有技術。

內或在生物體內的作用。如果基因發生突變，產生危險的蛋白質，這種方法甚至可能發揮治療效用。

當然了，你必須先讓引導RNA和負責剪切的蛋白質進入你想要改變的細胞，這項任務並不是特別艱難，至少在實驗室不難。做法通常是選擇一種簡單、容易進入細胞，卻不會對寄主造成任何實際傷害的病毒。科學家將基因編輯所需的兩項要素送入病毒內，接著讓病毒感染目標細胞。一旦進入細胞，病毒會釋出內容物，基因編輯就啟動了。

這項技術有許多好處，其中一項便是一旦基因體因此發生改變，這項改變永遠存在。基因編輯會對DNA造成永久改變，無論是擔任特洛伊木馬角色的病毒已分解，或者RNA引導分子和蛋白質剪刀已降解，DNA序列所發生的改變永遠存在。

對於不會分裂的細胞，如神經元或心肌細胞，基因體發生的改變會和細胞共存亡；對於會分裂的細胞，這些改變會傳遞給下一代的所有細胞。改變一旦發生則永遠存在。

最早期的基因編輯技術一問世，科學家如同立刻得到一種經過大幅改良，可以用來去除基因活性的技術。不過，研究人員從不滿足，世界各地的實驗室持續用引人注目的方式破解這個基礎系統，他們改良、擴展了基本的工具組。如今，科學家可以對基因體進行完美的修復，可以只改變人類基因體三十億個遺傳字母中的其中一個。回到先前提過的名片例子，我們確實可以把 in「f」erior 改成 in「t」erior。

好還要更好。如果你只想改變從母親那兒得到的基因，而不想改變從父親身上得到的基因，基因編輯也辦得到。也許你並不想關閉某個基因，也不想改變那個基因的序列，你只想改變基因表現的程度，行嗎？這個嘛，說個好消息，你也可以透過基因編輯來達成目的。

二〇一二年，夏彭提耶和道納把局限於細菌的基因編輯技術提升至更寬廣的層次，此後，能夠修改生命之書的科學家和實驗室數量陡然大增，接下來，且讓我們看看他們做了哪些事。

第三章　餵飽這個世界

地球上的人口數量時時都在增加。一八〇〇年左右，全球人口達到十億；一九三〇年是三十億；一九八七年是五十億，如今，全球人口有七十六億，而且這個數字還在不斷增加[1]。除非有彗星撞擊地球，否則根據聯合國的預測，到了二〇二三年，全球人口將達到八十億[2]。

人口持續增加到底是不是個問題？大多數人會說「是」。他們說得沒錯。我們是有害物種，摧毀自己的環境，消滅了大量和我們共享這個精美地球的其他生物。若是詢問已開發國家的民眾該如何處理這個問題，通常會得到一樣的答案：「大家不要再生這麼多小孩了。」

這種做法會遭遇兩個主要瓶頸。首先，所謂「大家」，通常是指別人，一般是指低度開發國家的民眾。說來真是荒謬，在高度開發國家出生的孩子造成的環境衝擊，比出生在低度特權地區的孩子還要高出許多。舉例來說，一名普通美國人的碳足跡是孟加拉人的四十倍。

另一個困難之處則在於，「大家不要再生這麼多小孩了」這句話忽略了一項重要事實。對地球而言，真正的問題不是出生人數，未能及時消亡的人數才是關鍵所在。

讓我們想像一下：一對二十五歲的夫妻打算生兩個孩子。兩個孩子恰恰好，沒錯，因為他們剛好可以遞補父母死後留下的人口空缺？把時間快轉到二十五年之後，原本那對夫妻才五十歲，現在已經成了祖父母，因為他們的孩子也決定要生孩子了。第二代也跟上一代一樣有責任感，每人只生兩個孩子。再過二十五年，第一代已經七十五歲，他們有兩個孩子，四個孫子和八個曾孫。這時候，原本只有兩人的地球上已經有十六人了。

事實上，人類的出生率正在下降，而且已經下降好一陣子了。一九五〇年，每年的全球平均出生率是每千人當中有三十七·二個新生人口，目前，這個數值大概掉到一半，也就是每年每千人有十八·五個新生人口[3、4]。在這段期間，死亡率也呈現相同趨勢，從一九五〇年的每年每千人有十八·一個死亡人口[5]，降到二〇一七年的每千人八·三三個死亡人口[6]。

根據目前的死亡率，英國男性的預期壽命已經提升到七十九·二歲，女性則是八十二·九歲[7]。一九五一年，這兩個數字分別是六十六·四歲和七十一·五歲[8]。

只要死亡率低於出生率，這世界的人口數就會持續增加。出生率持續下降，全球人口的成長率就會下降，但在可預見的未來，人口數會持續增加。

地球上人類數量不斷增加的後果相當可怕，人們對資源的競爭愈來愈劇烈。最受到關注的一項擔憂就是，我們該如何餵飽大家？還有，餵飽大家的同時，又要如何避免破壞我們未來將要依靠的生態系？

「我們無法生產足夠的糧食來餵飽全球人口」，雖然常聽到這種說法，但事實並非如此。隨著社會愈見富裕，不健康的西方飲食迅速成為常態，倘若大家都是這種吃法，我們當然無法生產足夠的食物餵飽每個人。工業化國家的人均肉品消費量是每人每年八十八公斤，在低度開發地區則是二十五公斤[9]。除非將動物飼養在對環境衝擊低的系統中，否則就生產相同單位的人類食物而言，飼養動物所需投入的物質勢必高於植物。在集約飼養系統這樣極端的狀況下，每生產一公斤牛肉可能需要用到多達七公斤的穀物。

所以，我們可能無法支應西方世界這種程度的肉品消費量，而且，我們肯定沒辦法應付西方世界普遍存在的糧食過度消費量。在英國，百分之六十四的成人有過重、肥胖或病態性肥胖問題[10]。在美國，這個數值更高了，高達百分之七十．二[11]。這種狀況會帶來令人覺得怪誕的後果，那就是我們幾乎無可避免地將會看到全球死亡率開始上升，預期壽命開始下降，因而減緩了人口成長的速度。但地球上人類數量持續增加的態勢仍會延續許多年。

通常，我們無法在最需要糧食的地方進行食物的生產和分配，這其實是一個跟物流有關的問題，浪費食物導致這個問題更加嚴重。在基礎建設開發程度較低的國家，有很大一部分的食物在送到需要的人手中之前就已腐壞。在工業化國家，有大量營養豐富的食物，因為賣相不佳而被商業食物連鎖店退回，還有更多食物是被商店或訂餐過剩的客人丟棄。就全球而言，為人類所生產的食物中，有三分之一遭到浪費[12]。

想要餵飽不斷擴增的全球大家族，我們得解決各種重大問題。我們需要減少肉品的消費量，停止暴飲暴食，並且讓我們生產的所有食物都派上用場。要做到這些，人類的行為得改變：工業化國家大部分民眾所居住的致肥胖環境要快速減少，還要重新設定我們對食物的態度，別把食物當成便宜的一次性商品。遺憾的是，無論是個人、政府或社會，我們實在拙於做出符合自身長遠利益的決策，要搞懂我們為什麼這麼沒有遠見，對科學來說是一項太艱難的任務，但是，也許科學能幫助我們生產更好、更充沛的食物？這時候基因編輯就派上用場了。

加速育種

植物本身有些特徵，導致在它們身上進行任何形式的基因工程都頗具挑戰性。植物細胞周圍有一層厚厚的細胞壁，因此，想要將新的遺傳材料強行加入植物細胞，可能會遭遇困難。大多數具有商業價值的植物物種中，許多都發展出相當複雜的基因體，如小麥、馬鈴薯和香蕉。幾乎所有哺乳類物種的細胞中，每個基因都有兩個複本（一個來自父親，一個來自母親），但植物在演化過程中的多個時間點，都曾對整個基因體的資訊進行複製，舉例來說，小麥的每個基因有六個複本。所以，如果想要改變小麥的某個基因，這六個複本得全部改變才行，這導致植物的基因工程遠比動物困難許多。

不過，植物也具備有用的特質，勝過它們在基因編輯上的棘手之處。舉例來說，如果你編輯小鼠腿部的一個基因，你並不能憑藉這條腿創造出一整隻經過基因編輯的小鼠。但是，任何一個總想擺脫頑強雜草——如寬葉羊角芹和旋花屬植物——的園丁都知道：許多植物可以憑著殘留在花床土壤中的一丁點根系，就長出完整的植物體。所以，一旦你成功編輯了植物細胞的基因，通常可以很簡單地增殖出許多一模一樣的植物。

植物科學家很快就意識到，基因編輯這項新技術可能大幅改革打造植物新品種的效率、速度和簡易程度。道納和夏彭提耶發表那篇開創性的期刊文章之後僅僅一年的時間內，許多研究團體便創造出史上首批基因編輯植物[13、14、15]。此後，研究人員持續改善這些技術，並將它們應用到各種植物物種上。

各位可能會覺得納悶：何必麻煩搞什麼植物的基因編輯呢？畢竟幾千年來，光是靠著讓那些具備人類喜愛特徵的植物進行異花授粉，我們就可以創造植物新品種啊。這個嘛，速度是其中一個原因。像柑橘這種成熟時間很長，稔性又低的植物，你可能要花一輩子的時間才能確定它的後代是否擁有我們想要的特徵，以及這些特徵是否可成為判定純種品系的標準。有了現代的基因編輯技術，這個過程的速度可能會加快，比完成一項博士級研究計畫的時間還短。

有時候，族群中可供處理的自然品種可能很有限。一九七〇年代，一種由甲蟲攜帶的真菌幾乎消滅了所有榆樹，導致英國鄉間景致發生無可回復的變化。二〇〇四年，透過DNA定序技術，研究人員證明幾乎所有英國榆樹的遺傳相似度都高得驚人。其實它們全都是無性繁殖株，源自一棵兩千年前羅馬入侵時期引進英國的原始榆樹[16]。缺乏遺傳變異表示英國沒有一棵榆樹能抵擋這種真菌，想透過雜交來創造新的品種也是徒勞無功。未來，透過基因編輯也許可以將新的品種引入到遺傳變異度受限的植物族群裡。

傳統育種技術的問題還有一項，讓我們以艾爾桑塔草莓為例來說明。超市很喜歡這個品種的草莓，因為只要水分充足，它的果實可以長得很大，色澤紅豔，看起來甘美多汁，經過運送也不會變得軟爛。這種草莓只有一個問題：嚐起來平淡無味。因為在跟其他各品種草莓雜交育種的過程中，讓草莓產生夏季甜美風味的基因，跟造成草莓軟爛或色澤蒼白的基因一起不見了。不過，透過基因編輯，可望精準改變你想要改變的基因，讓其他基因維持不變。

打造更優良的作物，一次搞定

有希望是一回事，真正執行是另一回事。然而，突飛猛進是這個領域的發展特色，基因編輯潛在的益處正以驚人的速度實現當中。研究人員正在找尋新方法，把人類對食物的浪費程度降到最低。

雖然菇類其實是一種真菌，但它們通常出現在超市的蔬菜區，所以這裡就把它們當成蔬菜吧。洋菇老化的時候容易變成褐色，發生這種情況的洋菇常被丟棄，這其實是不必要的做法。研究人員已經能夠利用基因編輯技術打造出不會變成褐色的洋菇[17]。如此一來就能輕鬆地減少食物浪費。

食物和人類健康之間有一項非常重要的交互關係。我們都知道，平衡及多元的飲食有多重要，但如果日常飲食中有一項成分是讓你生病的元凶呢？人類族群中約有百分之一的人受到乳糜瀉這種疾病的影響。乳糜瀉發作時，免疫系統針對小麥所含的麩質發動有害反應，造成腸壁內襯受損，導致腹瀉和嘔吐，最嚴重的狀況還會導致營養失調和腸癌。小麥有四十五個會產生特定麩質，進而觸發免疫系統過度反應的基因，西班牙哥多華永續農業中心的研究團隊利用基因編輯，讓其中三十五個基因失去活性。他們開心地指出，以這種小麥製成的麵粉可以用來製作法式長棍麵包，但不適合製作烘焙用的切片白吐司[18]。法國的乳糜瀉患者可開心了！

透過基因編輯，也可以降低某些調味料的製作成本。傳統的啤酒能夠獨具風味是因為在釀造過程中加入了蛇麻（即啤酒花）。蛇麻相當昂貴，而且在一般農業環境中，蛇麻的生長和收成都不容易。蛇麻還是一種很需要水的作物，每生產一品脫的啤酒，需要五十品脫的水。加州柏克萊大學的研究人員利用基因編輯技術，讓釀酒酵母產生蛇麻才有的風味[19]。這項技術效果極佳，實際上，當地一間精釀酒廠的員工認為有基因編輯介入的啤酒，風味更勝加入蛇麻的傳統啤酒。

提升作物產量，最好又不用增加額外昂貴的成本，是農業公司和農民的重要目標，無論從商業或自給自足的角度出發都是如此。全球有超過半數人口以稻米為主食，稻米在中低收入國家尤其重要[20]。維持並提升稻米的產量對糧食安全而言極其重要。

位於上海的中國科學院與印第安納州的普渡大學合作，透過基因編輯來實現提升稻米產量的目標。稻米有一組共十三個可以幫助植株忍受環境壓力（如乾旱和鹽度）的基因。過去，農藝學家利用傳統的異花受粉技術，已培育出對壓力感受性較低的稻米植株。遺憾的是，這些雜交種的產量會下降，因為這些基因也跟抑制生長有關。這些中美合作團隊的科學家推測，如果他們可以將正確的突變組合引入到這些基因裡，就可以打造出產量豐富又耐得住環境壓力的稻米。要完成這項任務，傳統的雜交方式幾乎做不到，因為耗時太長，而且需要經過非常多代的雜交，即使如此，想要得到具備正確基因體組合的品種也是奢望。不過，藉助新的基因編輯技術，研究人員可以在短短幾年內達到他們想要的成果，打造出跟其他稻米一樣擅長耐受環境壓力的品種，而在田間試驗中，這種品種的產量提高了百分之二十五至三十一。對稻米這種重要的作物而言，無疑是產量的大躍進[21]。

打造重要食用作物的新品種，使它們能夠容忍不利的環境條件，這對農業來說至關重要。說來諷刺，這都是因為人口不斷增加，才造成這種前所未見的作物產量壓力。農業用地的鹽度正在上升，這會造成植物生長速度減緩以及產量下降。根據地理學家計算，全球有百分之二十的耕地和百分之三十三的灌溉農地受到高鹽度影響，而且這個數字每年增加百分之十[22]。

此外，農地也變得愈來愈乾。根據聯合國計算，有十億人的生計受到土地沙漠化的威脅，而他們通常是地球上最貧窮的一群人[23]。競爭水資源也已經成為激化國內外衝突的一項因素[24]。

在打造更能抵抗環境壓力的作物品種這件事上，新的基因編輯技術之所以能夠快速發揮作用，土地沙漠化是其中一項原因。稻米就是非常振奮人心的例子，說明這個方法是可行的，科學家提升作物對環境壓力的抗性，同時又不會給作物產量帶來負面影響，有時甚至還能帶來正面影響。利用類似做法，已經打造出耐旱的玉米品種，而且產量還增加了百分之四[25]。

所有技術正朝著對的方向前進，打造更能應付環境壓力的強健作物，作物產量提升，又無須增加昂貴支出，不禁令人覺得前途一片光明。不過，至少有兩個問題會減少這前途光明的程度，而且兩者都不是科學問題。這跟技術如何發展無關，而是跟民眾以及政府將會如何使用這些技術有關。

經過基因編輯的新品種作物如果可以讓農民更有效率地使用既有土地，那確實將會是一項偉大的成就。但我們總得提防意外，萬一種植新品種作物導致更多土地變成耕地，把過去的邊際土地或無農業用途的土地也變成農地了呢？無可避免地，這會導致環境失去更多生物多樣性，因為邊際土地通常是物種唯一能夠依附的棲地。施行新的技術，而不解決浪費食物和過度消費的根本問題，充其量也只能推遲末日的到來，至於最糟的狀況，這可能推著我們更快走向末日。光靠科學是無法解決問題的。

進入市場

另一個跟打造基因編輯作物有關的問題，同樣令人頭痛。生產者可以種植、收割這些植物嗎？他們可以把這些作物賣給消費者嗎？對此，目前並沒有全球性的共識，而且從民眾反對基因改造作物的漫長歷史來看，要民眾接受基因編輯作物，這條路恐怕不好走。

這問題有一部分取決於你所居住的地方。二〇一四年，美國基改作物的種植面積超過七千萬公頃，在歐洲則只有十萬公頃[26]。主要是因為不同地區有不同的對應規範，這些規範又受到倡議團體和消費者運動的強烈影響，進而影響世界其他地區採用基因編輯作物的意願。

民眾對基改作物的反對聲浪使研究人員蒙受重挫，最令人氣餒的莫過於黃金米的例子。如我們先前所說，全球有數十億人以稻米為主食，然而，稻米並非完美的營養來源，缺乏維生素A是其中一項原因。維生素A對免疫系統的健康程度，以及正在發育的視覺系統而言非常重要。容我引用世界衛生組織的一段話：「根據估計，每年有二十五萬至五十萬名兒童因為維生素A不足而失明，其中半數在失去視力後十二個月內死亡[27]。」除此之外，還有一至兩百萬名孩童死於可以預防的感染性疾病，如果所有學齡前兒童都能接受足量的維生素A[28]，就能避免這種遺憾。

經過基因工程處理的黃金米，種子可以表現額外的基因，進而產生β－胡蘿蔔素，在人體內，這種胡蘿蔔素可以輕易轉變成維生素A。描述黃金米創造方式的原始期刊文章發表於二〇〇〇年[29]，後續其他研究對黃金米做了更進一步的改善，提升β－胡蘿蔔素的產量。由自願者參與的試驗結果證明，人體確實可以把這種作物所含的β－胡蘿蔔素轉變成維生素A，使體內維生素A的含量達到足以預防失明和感染性疾病的程度。

未來幾年，孟加拉和菲律賓的消費者也許終於能接觸到黃金米，但這件事仍有變數。自從科學家首度在實驗室環境下種植黃金米，至今已經超過二十年，當然，開發需要時間，沒有人認為黃金米在一夜之間就能送到那些赤貧國家的目標族群手上，但是，二十年？

這個例子背後的故事並不是貪婪的公司介入，阻止世界上最貧窮的民眾取得迫切需要的產品。所有參與黃金米生產的公司，其實很快就同意讓自給自足以及小規模種植的農民，以普通稻米的價格取得黃金米，而且不會限制他們收割作物，也不會限制他們儲存種子以供後續種植。

最大的反對聲浪來自西方的倡議團體，如綠色和平。二〇一六年，超過一百位諾貝爾得獎者（大約是目前所有在世諾貝爾獎得主的三分之一）寫了一封公開信給綠色和平，批評他們對基因改造生物，尤其是黃金米的態度[30]。綠色和平的回應實際上是基於「接受黃金米形同接受所有基因改造作物」這樣的論點。

這是某種哲理邏輯——如果你的原則是反對基因改造生物，那麼你必須反對所有基改生物。各位可能會想要知道，這些反對者是否曾經坐下來，跟那些失去孩子的父母，或者原本可以避免眼盲但卻永遠失去視力的孩子，解釋過他們的原則？

當科學遇上規範

「基因編輯」指的是二〇一二年以後所發展的技術，讓科學家能夠相當精準又非常輕鬆地改變生物的基因體。基因編輯其實歸屬在基因改造之下的一種子類群技術，利用分子技術來改變生物的基因體。然而，除了使用簡單以外，相較於早期技術，基因編輯還有許多不同之處和優勢。基因編輯可對基因體進行較小規模的修改，遺留的外來遺傳元素也較少，最精緻的基因編輯可以完全不留下任何分子遺跡，在精準受控的狀況下，基因編輯可以做到只改變單一個遺傳字母。這樣的基因編輯，讓你不可能分辨得出來生物是在實驗室裡接受了科學家的改造，還是基因體發生了自然變異，導致同個字母發生同樣的變化。

早期的基因改造技術之所以受到反對，通常是因為這使生物的基因體發生重大變化，讓人擔心這些「外來」基因——插入這些基因通常是為了確保我們想要的特徵能有很高的表現量——會在野生族群裡大肆散播，改變植物生態系的平衡，或創造出生理功能不正常的新品種。此外，也有人擔心基改食物會透過一些我們尚未明瞭的機制來傷害人體健康。

這些可怕的預測都沒有發生，但這不表示有這些擔心很愚蠢。創新的科技可能會帶來意想不到、無法預料的結果，定期監測和分段實施是完全正確的做法。

生活中絕對沒有毫無風險的事情，問題在於我們非常拙於評估風險。火車發生事故造成多人死亡，心生害怕的民眾改騎摩托車通勤，而摩托車是一種特別不安全的交通方式。比起既有較大的風險，我們更害怕新出現的較小風險，這是因為舊有的風險度已融入我們的生活，讓我們不再多加思考。

對於任何新技術，懷抱毫無風險的期待是不合理的。我們應該期待的是，至少它的風險不會大於現有技術。就算談論「老派」的基改作物，也幾乎沒有任何令人信服的資料指出它們的風險程度超過傳統的植物育種方法。基因編輯有更高的精準度，對基因體的干擾也比早期的基因改造技術更加有限。觀察監管機構如何看待經過基因編輯的植物，是件有趣的事。

二〇一六至二〇一八年初之間，美國農業部通知數十種基因編輯作物的創造者，表明他們無須接受管控。二〇一八年三月二十八日，美國農業部長桑尼·帕度授權發布新聞稿[31]，確定這是一項正在進行的策略，而不需要分階段逐步確認。這是一起重要的先例，因為這表示民眾可以在不受規範的前提下自行設計、種植和販賣基因編輯植物，加速市場接受基因編輯植物和基因編輯植物進入市場的速度。

這麼做的原因很簡單。如果基因編輯造成的遺傳物質改變，是確實或有可能發生在自然界的改變，那麼監管機構就無須介入。這樣的改變可能是改變遺傳密碼中的一個字母，或在其中加入或刪除幾個字母，甚或是加入一段來自近親物種的遺傳序列。這些改變全都有可能透過一般的植物育種程序發生。因此，監管機構採取的立場是這樣的：如果我們能接受透過傳統園藝技術所造成的改變，卻不能接受透過基因編輯產生與上述相同，在遺傳上無法區辨差異的改變，是不合理的做法。

並非所有透過基因編輯而產生的植物品種，都享有這種自由待遇。有害植物，或有害植物的遺傳物質就不適用，但這麼做很合理。

在過去，反基改人士有許多擔憂，其中一項就是害怕生產基改作物所需的昂貴技術，將使跨國公司擁有太多權力。這樣的說法也遭到反駁，因為這些公司傾向專注在昂貴的商業作物，而非那些真的可以餵飽社會最貧窮民眾的作物。以木薯為例，全球約有七億人以木薯為主食，但用在改良木薯的經費僅是小麥的零頭而已。美國農業部最新發布的規定，有可能真的產生激勵作用，促使大家透過基因編輯來改良這些被人忽略的作物。

原本基改作物發展過程中，導致基改作物開發困難、開發經費昂貴的一些障礙，源自於耗時漫長、成本高昂的試驗以及所費不貲的規費。最新的規定除去許多相關開銷，加上基因編輯操作起來相對輕鬆，可能使得生產更優良作物這件事變得普及，把作物界的孤兒送進實驗室，然後再送回田間。

美國農業部的聲明清楚表示，促進創新可以產生重要的連鎖反應，激勵科學家進行更多改良作物的研究。沒有人希望努力研究打造出一種更優良的品種，到頭來卻因為規範限制導致大家不能種植它，或者不能把它吃下肚。

所有的跡象都顯示歐盟會做出類似美國的決定。這象徵不同於以往的重大突破，因為英國等會員國都對基改作物實施嚴格限制，主要是受到倡議團體強烈的遊說和活動影響。二〇一八年一月，歐洲法院指出，二〇〇一年針對基改作物所制定的規範，可能不會沿用於基因編輯作物[32]。

不過，在二〇一八年七月，當歐洲法院做出最終決定時，整個歐洲的植物研究界大吃一驚：基因編輯作物將沿用二〇〇一年針對基改作物所制定的規範。

這些在歐洲施行的規範，內容相當不一致。植物育種者透過輻射或化學物質來製造隨機突變是完全合法的。如果這些突變導致植物產生有用的特徵，那麼育種者可以繁育、生產和販賣這類植物。讓我們想像番茄發生了某個突變，因而產生特別甜美的滋味，透過輻射或化學物質幾乎肯定會造成植物體產生其他突變，這些非計畫中的突變並未造成其他值得注意的影響，在歐洲，種植並販賣這樣的番茄植株和果實是完全沒問題的。

然而，若是透過基因編輯使番茄發生滋味變甜的突變，在歐洲，你不能繁育、種植或販賣這種番茄的植株或果實。如果我們去檢視番茄體內跟甜味有關的基因，會發現這種受過基因編輯的番茄，和透過輻射引發突變的番茄，在DNA的層級上並無二致。經輻射照射的植株，在基因體內的其他地方所產生的突變，可能比基因編輯還要多，而且你完全無法控制這些突變發生的位置，也無法控制它們造成的影響。

地球之友這個倡議團體欣然接受歐洲法院的最終決定，但是對於這項決定形同默許使用輻射的部分，他們卻保持詭異的沉默。因此，歐洲正處於一種窺鏡狀態，偏好採用不可能控制結果的輻射技術，而非可以精準微調的基因編輯。看來，法律也和大多數人一樣，無法了解風險的意義。

第四章 編輯動物

許多耕地農夫會遭遇的問題，像是如何保持作物不染病、如何提升作物產量而不需要大量提高成本，也正是畜牧業者頭痛的地方。為了解決其中一些問題，基因編輯技術早已進入開發階段，說來也不足為奇。所有相關應用都是利用基因編輯技術來創造動物，使動物體內每一個細胞都擁有編輯過的ＤＮＡ，並將這樣的ＤＮＡ傳遞給下一代。要創造出接受基因編輯的最初個體很棘手，因為要用上許多和發育生物學有關的複雜方法，包括把胚胎植入可懷孕的雌性個體內。不過，只要子代是健康的，牠們就能跟任何動物一樣進行繁殖，並把經過編輯的ＤＮＡ和新的特徵傳衍下去。

就實質上而言，基因編輯是很簡單的，但其餘過程則需要複製史上第一隻哺乳類動物時所用到的同類技術。

這是非常專業的技術，所以，雖然很多實驗室可以在試管裡編輯農業動物的基因體，但只有極少數的實驗室能夠從實驗層級繼續往前，製造出活體動物，位於愛丁堡的羅斯林研究所就是其中之一。這裡有技術熟練的工作人員，以及進行基因編輯和複製家畜所需的設備。說來並不意外，一九九六年，史上第一隻複製而得的哺乳動物——桃莉羊——就在這裡誕生。桃莉是由乳腺細胞複製而來，以鄉村歌手桃莉．巴頓的名字命名。技術和文化不斷前進，如今，羅斯林研究所由愛蓮娜．萊利擔任所長（於二〇二〇年二月離職），她希望未來的任何研究突破，可以減少採用這種不太成熟的命名策略。

豬生殖道與呼吸道綜合症病毒（PRRSV）是一種影響豬隻的病毒。自一九八〇年代以來，一直是養豬業者會遭遇的問題，光是美國，每年因此損失的金額就超過五億美元。如果懷孕的母豬遭受感染，可能導致所有仔豬死產。受感染的仔豬若成功誕生，會有嚴重腹瀉和危及生命的呼吸感染問題。透過吸吮母乳而感染病毒，仔豬死亡率為八成。斷奶後的豬隻若遭感染，則會有生長遲緩的問題，而且體重不易增加。

為了掀起動亂，病毒得先找到方法進入豬的細胞，尤其是豬肺裡一些特化細胞。這種病毒會劫持這些細胞表面上的一種蛋白質，並和蛋白質上一塊非常特殊的區域結合。羅斯林研究所的科學家認為，他們可以透過基因編輯改變這塊病毒結合區。病毒若無法跟蛋白質結合，就無法進入細胞，最後只有死路一條。

想像一串原本完美無瑕的珍珠項鍊上，有顆受損的珍珠，這顆珍珠就是病毒結合區。厲害的珠寶匠可以拆下這顆受損的珍珠，再把兩側的珍珠重新連接起來，珠寶主人依然擁有一串完美的珍珠項鍊。科學家執行的基因編輯就是這個效果，他們只移除豬蛋白質上的病毒結合區，讓其他所有地方保持完整，然後再把它們重新連接起來。這樣的母豬產下的仔豬都是健康的，蛋白質都能執行正常功能。除了病毒無法與蛋白質結合之外，豬隻也不會感染或傳播這種病毒[1]。

羅斯林研究所正和 Genus PIC 這間育種公司合作，打造出可作為種畜的純種豬隻。

種畜可以把對病毒的抗性傳給後代，後代再把抗性傳給下一代，可望就此剷除豬生殖道與呼吸道綜合症病毒造成的傷害[2]。開發基因編輯技術來預防傳染病，這種舉動的目標對象不是只有豬而已。位於中國陝西的西北農林科技大學正踏出第一步，創造出可以對抗牛結核病的牛隻[3]。未來幾年，在這一塊科學領域，我們可以期待看見更多類似的計畫。

肌肉含量最大化

如果能讓動物避免感染，對家畜業者來說真是太好了，但他們還需要家畜擁有其他特徵。人類對肉品的消費量不斷增加，特別是瘦肉。肉品業者希望動物可以快速增重，把飼料有效地轉換成精瘦蛋白質，讓產品更快進入市場。再一次地，基因編輯挺身而出接受挑戰。

人類對豬肉和培根的胃口似乎永無止境，為此每年約有十億隻豬遭到屠宰。其中大概有一半的屠宰量來自中國，因此，中國的研究機構把基因編輯的努力焦點放在豬的身上，大概也沒什麼好奇怪的吧。這麼做的同時，他們也解決了兩個養豬業者會遭遇的問題。

大約兩千萬年前，現代豬隻的祖先快樂地享受史前世界的熱帶和亞熱帶氣候。生活在這樣的氣候裡，身體其實不需要可以快速熱身的系統，因為這樣導致過熱的風險更高。或許就是因為這樣，豬的祖先失去了一個多數哺乳類動物所擁有的基因，也就是UCP1，這個基因的產物可以快速燃燒脂肪，藉此產生熱能。這種蛋白質通常表現在褐色脂肪組織中，豬的體內沒有可發揮正常功能的UCP1複本，其實，豬身上根本沒有任何褐色脂肪。

但如今，多數豬隻並沒有在熱帶或亞熱帶區快樂地生活著，牠們生活在更接近溫帶的地區，而且可能覺得有點冷。生活在特別冷的地方時，因為冷緊迫（cold stress）的關係，新生仔豬的死亡率可達到兩成。養豬業者必須花很多錢幫豬隻保暖，在某些地區，保暖占了養豬業者整體能源成本的百分之三十五。

基因編輯可以對基因體進行相當精微細緻的改變，也可以將整個基因插入細胞裡。相較於傳統的基改方法，基因編輯具有優勢，即使是插入基因這麼大的改變也一樣。透過基因編輯，你可以精準控制基因插入基因體的位置，可以創造出體內只多一個基因的動物，而完全沒有干擾到其他序列。因為基因編輯擁有這些優點，北京的研究人員透過基因編輯把UCP1基因放回豬的身上。這不是件小事，他們在實驗室中製作了超過兩千五百個胚胎，把這些胚胎植入母豬體內，最後有十二隻UCP1基因功能正常的仔豬誕生。同樣地，透過基因編輯，創造胚胎其實也很簡單。但創造出活體動物仍是非常艱辛的任務，成功率和一九九六年創造桃莉羊那時候差不多低。

經過基因編輯的公豬成年後，科學家繼續養育牠們，牠們也一如預期地把插進基因體的UCP1基因傳遞給子代。在寒冷環境下，相較沒有經過基因編輯的豬隻，經過基因編輯的豬隻維持體溫的狀況好多了。此外，豬隻的體脂肪也下降了百分之五左右，從各方面看來，這都是雙贏策略[4]。

農民和消費者不只想從豬身上取得更多瘦肉而已。但大多數農場動物早已具有功能正常的UCP1基因，所以無法用相同方式增加牠們的瘦肉質量。目前正在開發的替代方案以多種家畜為對象，鎖定一種可阻礙肌肉發育的基因，希望可以操控這個基因的表現程度。

哺乳類動物體內有一種常見的制衡系統，可以調節骨骼肌的大小。一組訊號可促進肌肉生長，另一組訊號則可以抑制肌肉生長。如果我們能找到方法，讓這座天平偏向有利於促肌訊號的方向，那應該可以獲得體格更結實，肌肉更多，脂肪更少的動物。相關的基因編輯技術正在開發當中，打破平衡的方法是減少肌肉接收到的抑制訊號，而不是直接增強促肌訊號。

這個過程中的關鍵基因叫做抑肌素基因。這個基因的產物是一種會抑制肌肉生長的蛋白質，多年前以基改動物為材料的實驗研究顯示，降低這個蛋白質的活性，會使動物的肌肉特別發達。肌肉量如此之多，脂肪含量如此之少的動物，看起來有點古怪，各位可以想想阿諾·史瓦辛格在一九六〇年代末期獲得環球先生時，那全身肌肉發達的盛況。

要創造出只有抑肌素基因發生特定改變，其他基因沒有變化的動物，我還是要再說一次，基因編輯比傳統的基改方法好用多了。這項技術早已應用在豬、山羊、綿羊和兔子身上[5]，而且在後三者身上功效似乎特別好。重要的是，這些個體出生以後，肌肉才會開始生長[6、7]，這一點事關緊要，因為如果在個體出生前，肌肉就已經過度生長，這會導致母體難產。

其中有一組研究團隊認為，這種方法可能很適合用在美利奴綿羊身上。美利奴綿羊的羊毛長而細緻，戶外運動愛好者願意重金購買以這種纖維製成的襪子和底層衣。不過，就肉品生產而言，這種綿羊的用處不大，因為牠們肌肉生成的速度太慢，而且肌肉量少到不具商業價值。對美利奴綿羊的抑肌素基因進行基因編輯，創造出既可生產上等羊毛，到頭來又可以供應大量肉品的美利奴綿羊，應該是個完美可行的辦法。

另有一群研究人員對山羊進行雙重基因編輯，把普通的山羊變成具備綜合效益的山羊。他們既編輯了山羊的抑肌素基因，也編輯了一個會抑制毛髮生長的基因。十隻接受雙重基因編輯的仔羊出生後，這兩個基因的表現量也符合預期變化。目前為止，研究人員尚未發表任何相關的山羊照片，但這些仔羊要是能順利長大成年，我們也許很快就能看到渾身肌肉，羊毛又特別蓬鬆的山羊，就像穿著芝麻街大鳥裝的肌肉棒子[8]。

不能吃的肉

事實已非常明顯，透過基因編輯來生產具備強化特徵，如體重增長速度較快、肉質較精瘦、對疾病有抗性的家畜是可行的。我們完全搞不清楚的是：這件事何時會發生？甚或，成品能不能送到消費者手上？又或者，消費者願意把這種肉吃下肚嗎？

有鑑於基因改造在歐洲的歷史，大致而言是相當晦暗的，加上近期和基因編輯植物有關的規定，在歐洲，相關跡象看起來是負面的。在美國，基因編輯的相關跡象則是既令人困惑又混亂不明，一部分是因為這牽涉到兩大強權的地盤之戰。美國農業部希望將應用在植物上的相同邏輯應用在動物上，如果透過基因編輯所造成的改變，是使用傳統育種方法也可能會引發的改變，那麼應該不需要加以規範。但目前，食品和藥物管理局有不同看法，他們希望基因編輯動物所產生的肉品或其他產品，在進入人類食物鏈之前得先獲得批准。

這裡有一個大家務必記得的重點：接受基因編輯的實驗動物，永遠不會進入人類的食物鏈。牠們是用來建立種畜譜系的基石，把這麼珍貴的動物變成肉品實在太可惜。就根本而言，這表示食品和藥物管理局想要控制完全透過自然育種而獲得遺傳變異的動物[9]。

當我們想到，渾身肌肉的綿羊和牛隻可能是因為抑肌素基因受到編輯後的產物，就觸及了規範不一致的核心問題。根據目前的規定，家畜譜系的創始動物如果是基因編輯動物，那麼農民就不可以販賣這種家畜的肉品。

但人類食物鏈中，早已經有許多因為抑肌素基因發生變化，而變得渾身肌肉的牛隻和綿羊。比利時藍牛和皮厄蒙牛就是因為這個基因發生隨機突變而自然產生的品種，泰瑟爾綿羊也是，而基因編輯在動物體內重新引入的突變，通常就是這些「自然」的突變。

假設各位面前有兩塊特徵相同的羊排，兩者都是來自抑肌素基因發生變化，致使肌肉發達的羊隻。如果各位手邊有DNA定序儀，那麼你可以著手分析兩者的抑肌素基因，但你無法分辨哪一塊羊排是「自然」品種的泰瑟爾綿羊，哪一塊是受過人為基因編輯的泰瑟爾綿羊，兩者的基因序列會完全一樣。但食品和藥物管理局卻想要控制其中一種，而放任另外一種，原因跟DNA序列無關，而是跟DNA序列背後的含意有關。對任何科學家而言，這都是一種近乎詭異又不切實際的奇想。

這也給基因編輯的反對者製造了一個有趣的困境，這些人希望能夠完整地回溯動物的累代育種過程。如果基因編輯後的結果，跟自然發生的變異之間是無法區別的，那麼就算監控食物鏈也無法知道是哪一種原因造成這樣的變化。不管這肉品的祖先是自然發生的比利時藍牛，或是一頭接受基因編輯的公牛，牠們的DNA序列都一樣。因此，基因編輯的反對者提出一項解決方案，他們建議，對家畜進行基因編輯時，應強迫科學家在動物基因體裡加入額外的DNA變化，而且這種變化可經由實驗室檢驗加以偵測。這段額外添加的序列會傳遞給動物後代，作用就像標籤。也就是說，反對者希望在動物的基因體裡添加「外來」DNA，而在這個領域耕耘的科學家正努力減少這類事情的發生，部分原因是為了平息民眾擔憂，因為有些人一開始就反對在動物體內添加「外來」DNA。

動物的治癒力

人類利用動物已經有幾千年歷史，根據每個人對這句話的接受程度不同，大家可能會有不同看法，但對於這句話所代表的真義，幾乎少有爭議。我們利用動物最常見的方式，就是把牠們當成食物來源，尤其著重在獲取牠們的肉、乳和血，但我們和動物之間也還有許多其他互動方式。動物陪伴我們、守護我們，是我們打獵的盟友，也是我們消遣娛樂的對象。

幾千年來，我們也把動物當成是藥品來源。歷史近四千年之久的古埃及手稿上，詳細記載了動物衍生產品的藥用方式[10]。如今，我們取蛇的毒液，再把小量毒液注射到其他被我們馴養的動物身上，藉此製造抗體，萬一遭到致命舌吻，這些抗體就可以救命。為了滿足某些中醫藥材的需求，整個蛇類族群正瀕臨滅絕邊緣。但有了基因編輯以後，我們能以精密複雜程度前所未見的方式來利用動物，製造可以治療人類疾病的藥物。

大多數人熟悉的藥物是一種稱為小分子的物質，像是退熱止痛的阿斯匹靈與乙醯胺酚、治療花粉熱用的抗組織胺、降低膽固醇用的斯他汀類藥物，以及威而鋼所含的有效成分。透過化學反應可以很輕鬆地合成這類藥物。

如今，生物製劑類藥物愈來愈多，這些物質是在活體生物裡能夠找到的大分子。用來治療蛇吻的抗體就是一例，還有對第一型糖尿病患者而言很重要的胰島素也是。針對類風溼性關節炎和某些類型的乳癌，生物製劑的療效最好。近期的市場分析結果顯示，到了二〇二四年，每年生物製劑的全球市場規模可達四千億美元[11]。

這些藥物通常相當昂貴，部分原因在於它們的製造成本非常高。它們的分子又大又複雜，無法像阿斯匹靈一樣，透過化學反應在試管裡加以合成，而必須由活體細胞來製造。製造這些大分子需要經過層層複雜的精密反應，只有活體生物的系統才能執行這種任務。

想像一下，有一個你想要當成藥物使用的分子，而這個分子通常是由人體產生。在這樣的狀況下，最顯而易見的做法，可能就是從人體裡將它分離出來，輸血就是一個最常見的例子。不過，我們之所以能把血液分享給別人，是因為人體的造血速度算快，所以捐血者不會受到太大的影響。不過，有許多人體需要的分子是由特定器官製造，而且製造出來的量很少。這時候，想要獲得足夠藥物，唯一的方法就是從屍體組織中提取。

有些孩子無法長高，是因為體內無法產生生長激素這種必要分子。曾經，從死屍身上提取生長激素是治療這些孩子的唯一方法。具體做法是從腦下垂體這種腦部的細微結構中提取生長激素，再將生長激素注射到孩子體內。當時沒有人意識到，偶爾有些大體捐贈者在生前已經罹患一種罕見的失智症。這種稱為庫賈氏病的失智症是因為腦細胞中產生不正常的蛋白質而引起。那時也沒人意識到，從罹患這種失智症的大體捐贈者腦中提取生長激素，會把這危險的異常蛋白質一併加入製劑裡面。當需要這種激素的病人接受注射，悲劇就此發生，異常蛋白質觸發腦部退化，導致病人罹患失智症，最後難逃一死。據估計，在英國約有兩百人因為這種傳播途徑而送命[12]。

因此，一九八〇年代中期以後，所有人類生長激素都是由基因改造過的細菌來製造。相較於從大體提取生長激素，這種方法比較安全、便宜，要擴大生產規模也容易得多。

有時候，動物在偶然間產生了一種蛋白質，這種蛋白質跟人體產生的蛋白質極為相似，因此可以當成藥物使用。大約有六十年的時間，醫界使用從豬胰臟中提取胰島素來治療第一型糖尿病患者。這種療法不盡理想，因為豬胰臟所產生的各種蛋白質當中，胰島素的含量較少，加上純化過程所費不貲，最後產生的藥物量也相當少。豬的胰島素和正常人的胰島素並非完全相同，而且不適用於某些病人，當需求增加時也很難迅速提升供應量。一九八〇年代，禮來製藥公司製造並販售由基因改造細菌所生產的人類胰島素。如今，幾乎所有胰島素都是由細菌或酵母菌所產生。

絕大多數生物製劑是細菌、酵母菌所產生，或者用人類或其他動物細胞進行細胞培養所得，這些系統有優點也有缺點。細菌的細胞不如人類細胞精密，而且具備療效的蛋白質結構複雜，這類蛋白質擁有的特徵和性質，細菌細胞未必總能如期產生。以哺乳類動物的細胞進行培養時，很難獲得高濃度的相關蛋白質，這會大幅提高生產成本。於是，面對某些製藥計畫，製藥公司正在尋求不同的製藥方式，基因編輯在這方面的前景頗為樂觀。

利用較早期的基因改造技術來製造藥品，已經有一些先例。研究人員在兔子的基因體裡加入一個基因，使兔子產生一種複雜的生物產品，可以用來治療罹患遺傳性血管性水腫的病人。這種疾病會使病人的小血管發生滲漏，導致液體累積在組織裡，帶來極大的疼痛不說，倘若水腫發生在呼吸道附近，還有可能造成生命威脅[13]。將基因改造兔所產生的藥物注射到病人體內，可以控制這些可怕的症狀[14]。

假設你是一位科學家，想要生產優良的生物製劑。你可能會想要使用具備某些關鍵特色的系統，顯而易見的特色如下：

1. 容易製造出具備所需遺傳變異的動物，而且對動物的基因體沒有其他干擾。
2. 容易取得的生產系統。
3. 可大量生產的生產系統。
4. 在每一隻動物身上都可長時間使用的生產系統，不必每次取得生物製劑時就得殺掉動物。

針對第一點，基因編輯又在揮手了；至於第二到第四點，有請雞蛋出場。

透過基因編輯以雞蛋來生產生物製劑的腳步正在加速，這是完全合乎邏輯的現象。在這個領域，科學界已經有長足進步，各位別忘了，基因編輯是一種在二〇一二年才變得真正可行的技術。

在這些最為先進的計畫當中，有一項結合了基因編輯技術與具備天然高蛋白產能潛力的雞蛋，用來製造一種稱為貝它干擾素的生物製劑。這種生物製劑是來治療復發型的多發性硬化症，生產成本通常相當昂貴。位於筑波的日本農研機構，其下的畜產研究部門和位於東京的 Cosmo Bio 公司合作，對母雞進行基因編輯，使這種母雞產下的雞蛋中含有豐富的貝它干擾素[15]。研究人員宣稱這麼做可以減少多達九成的生產成本。

降低製藥成本對業者和病人來說都很重要。製藥產業所面臨的最大問題之一，就是他們製造的藥物對醫療衛生系統的預算來說，實在太貴了。Kanuma 是一種利用早期基改技術和雞蛋所生產的生物製劑，開發目的是為了治療一種極為罕見的疾病，在英國，罹患這種疾病的病人只有十九位[16]。歐盟監管機構已批准 Kanuma 的使用，說明這種藥物是安全的，而且可以改善臨床療效。但根據英國國家健康與照顧卓越研究院裁定核撥的經費是每位病人五十萬英鎊，這樣的金額不足以為病人創造長期效益。這個給付的問題——也就是沒有人會幫這款藥出錢——讓製藥業者最為頭痛。如果基因編輯可以讓製藥成本大幅降低，那麼可能會提升病人接觸到新療法的機會，進而拯救他們的生命，或改善他們的生活品質。但只有在藥物能夠造福數百名，甚至數千名病患的前提下，降低生產成本才能真正帶來改變。對於極為罕見的疾病，其他製藥成本還包括了純化、配製、藥物傳輸，尤其是進行臨床試驗，這些還是有可能導致相關機構做出不利於病人的經濟決策。

從三明治到器官

有時候，病人的臨床需求太過極端，以至於使用藥物或其他現有技術，都無法有效地治療或治癒病人。有時候，一個全新的器官才能解決問題，也許是肝臟，也許是腎臟，也許是心臟或肺臟。不接受移植手術，病人的健康狀況勢必衰退，終將死亡。

移植手術所需的技術已經存在，臨床做法也很完備，對病人的健康益處十分明確，而且是可以量化的。但每年還是有大量病患在接受移植手術前便已死亡。在美國，約有十一萬五千人需要這項救命的醫療干預措施，等待器官移植的名單上，平均每天有二十人死亡[17]。這樣的情況在世界各地重複發生，即使一位器官捐贈者平均可以拯救八條性命，但就是沒有足夠的人願意在死後捐出器官。

公眾意識活動特別強調這個議題，希望能提高器官捐贈率。有些國家，如比利時和奧地利，對器官捐贈採取推定同意制，也就是預設民眾對器官捐贈是默許同意的態度，除非對方明言反對。但全世界可用的移植器官仍大幅短缺，交通事故死亡人數下降的影響尤其重大，因為交通事故罹難者是器官捐贈的主要來源之一。我們亟需一種能夠供應相容器官的不同方式。

如果不用依靠捐贈者，而是使用動物器官呢？這就是所謂的「異種移植」（xenotransplantation，希臘文「xeno」意指「外源」），是移植專家長久以來的夢想。豬的器官通常是最有可能的選項，因為豬的器官無論大小和結構都很接近人類器官，而且豬心的生理結構也和人的心臟非常相似。就功能而言，豬心也許能在人類的胸腔有不錯的表現。

可惜的是，除了供應培根和豬肉，在豬成為人體替代器官的供應來源之前，我們還要克服許多障礙。然而，再一次地，基因編輯可能有助於我們小心翼翼地跨越障礙。

幾乎所有哺乳類動物的基因體裡都有潛伏的病毒特工。很久以前，這些原本四處猖獗的病毒，轉而透過染病寄主來達到傳播目的。它們會將自己的遺傳材料插入寄主的基因體裡，然後在寄主的基因體裡沉睡，每當寄主細胞開始複製DNA，進行將細胞一分為二的細胞分裂時，病毒的DNA也會跟著複製。我們繁衍後代時，也順便用自己的遺傳緞帶包裝這些偷渡客，送給我們的子孫。哺乳類動物已經演化出許多分子防禦方式，讓這些入侵者保持靜定。然而，這些機制一旦瓦解，沉睡的病毒就會醒來，進入更活躍的狀態，再次橫行肆虐。

豬也不例外。研究人員已經鑑定出潛伏在豬基因體裡的病毒，並指出它們確實在寄主的基因體裡靜待時機。這些病毒沒有死亡，也沒有分解，它們就是靜靜地待著，只要給予正確的刺激，它們就會醒過來。

異體移植特別令人擔心的地方在於，這些感染豬的病毒，也能感染人類細胞。且讓我們想像一下，有個人接受了豬心移植，他幾乎非得服用藥物來抑制自己的免疫系統，把人體排斥豬心的風險降到最低。如果豬的病毒重新活躍起來，他的免疫系統可能無法以足夠的強度和速度產生回應，病毒可能就此抓住機會，導致接受移植的患者生病。更糟糕的是，接受移植的患者有可能把病毒傳播給其他人。人類這個物種不擅長應付未曾遭遇過的傳染病，當初歐洲人踏上現在我們所知的拉丁美洲時，一併帶著病毒登陸，消滅了七成五至九成的美洲原住民族群。

這種程度的死亡率，應該不至於發生在上述人豬器官異體移植事件上，不過受到免疫抑制的人，包括年幼者、年長者和病人，若跟感染病毒的器官受贈者接觸，肯定是有風險的。在醫院出沒的人士，普遍而言多是病人，可以預期的是，器官受贈者會是醫院的定期訪客。

喬治・丘奇是哈佛醫學院的教授，目前發表了約五百篇學術論文，並且用十九世紀探險家及傳教士（滿腮鬍子使他看起來像極了這些人）的滿懷熱情，採納了新的基因編輯技術。對於拓展基因編輯技術的極限，丘奇一直是重要推手，他對豬基因體的病毒研究就是絕佳的例子。豬的基因體裡有六十二個沉睡的病毒，利用基因編輯技術，他和團隊成員讓所有病毒同時失去活性——就早期的基因改造技術來說，這根本是不可能的任務，對後勤工作人員簡直是場噩夢——病毒從豬細胞至人細胞的傳播率因此下降了一千倍[18]。

兩年後，相關領域又有一個研究團隊向前躍進，其中一位領導者就是丘奇。他們原本的研究是在實驗室裡，以細胞培養的方式進行。二〇一七年，他們結合基因編輯和動物複製技術，創造出經過基因編輯的豬隻，使牠們基因體中的病毒大盜無法再活化[19]。

曾有人引用丘奇的話，表示到了二〇一九年底，我們有可能看到豬至人的異體移植發生[20]。這話似乎過度樂觀了，至少在西方國家，如此激進的做法不太可能這麼快在道德倫理層面獲得認同。目前仍有許多其他障礙有待跨越，尤其是要預防外源心臟引發的快速排斥反應。不過，若能將針對各別技術問題的研究成果結合起來，我們的信心會逐漸增加，相信有朝一日能夠靠著基因編輯技術，用各種方式破解豬的基因體，讓藉此打造出來的豬隻具備異體移植成功所需要的確切特徵。最起碼，我們可以把期待先放在心臟、肺臟和腎臟上。

或許有一天，人類最好的朋友不再是狗，而是豬。

第五章　編輯人類

人類是動物，這句話和價值判斷無關，只是生物界的事實而已。我們早就知道，從鮭魚到綿羊、從雞到牛，基因編輯在許多動物身上都能發揮效用。因此，我們有充分的理由認為，這項技術在人類身上也能發揮用處。現在已經知道的是，針對實驗室的人類細胞，基因編輯是成功的。接下來就得弄清楚，這項技術到底能不能在人體上發揮作用。

要在人類身上嘗試新技術，通常有一套沿用已久的程序，遵循由技術、醫療和道德倫理專家設下的規定。要遵守規範，要得到允許，要建立監測流程，你得先用細胞進行試驗，然後再把實驗對象換成其他動物，最後，經過多年來一系列謹慎小心、符合邏輯、循序漸進的實驗和重新檢討，你和你的研究團隊才能在真人身上嘗試這項技術。

或者，你可以自己當個「生物駭客」，省略所有程序，直接拿自己來做實驗。沒錯，你真的可以這麼做。因為基因編輯會用到的材料實在太便宜，取得也很容易，所以在家生產分子試劑來進行基因編輯，這件事實在簡單到一種驚人的程度。你真的可以往自己身上注射基因編輯所需的材料，任誰也拿你沒輒。

據我們所知，喬賽亞．柴納是第一個宣稱自己已經這麼做的人。令人開心的是，他果然就像大家心中想像的生物駭客一樣——在車庫經營著剛起步的科技公司，穿著奇特T恤，非常我行我素。柴納的雄心壯志是提升大眾接觸基因編輯的機會，他自己說過：「我想要生活在一個大家喝醉了，不會跑去刺青，而是『我喝醉了，我要去做CRISPR』的世界[1]。」

你可能會覺得，比起讓民眾有更多機會機觸到不良選擇，生活在一個禁止酒醉者進入刺青店的世界會比較好，但這個世界總有各式各樣的意見。

柴納似乎很樂意為自己背書。二〇一七年十月，在一場會議上，他朝著自己的手臂注射了基因編輯製劑。這種製劑的設計目的是刺激肌肉生長，其實，他就是透過基因編輯來抑制抑肌素基因，也就是在綿羊和兔子身上已經試驗成功，可以創造出高肌肉含量的方法。

某種程度上，柴納算是跟從了醫學界長久以來的自我實驗傳統。皮耶・居禮為了證明輻射會造成燒傷，把一塊鐳鹽貼在自己的手臂上。巴瑞・馬歇爾認為幽門螺旋桿菌會引發胃潰瘍，為了證明自己的假說，他故意把這種細菌吞下肚，結果證實他是對的，可憐的傢伙。

醫學界的自我實驗史中有個很明顯的特色，那就是實驗的過程經常會導致實驗者受到傷害。通常，這是驅動他們進行自我實驗的其中一項動力。因為在別人身上進行實驗，恐怕永遠得不到道德倫理上的認可，或者，這些實驗者本身的道德感不容許自己這麼做。

動物研究的數據指出，基因編輯是一種安全程序，但這不表示柴納的自我實驗就沒有風險。風險不太可能源於基因編輯本身，而比較可能來自人體對試劑產生的免疫反應，或者因為試劑製備時沒有滅菌而引起感染。

令人高興的是，我們這位自告奮勇的人類實驗者沒有蒙受任何不良影響，但是他的肌肉也沒有變大。那麼，就基因編輯對人體的功效而言，這樣的結果究竟傳達了什麼訊息？

答案很簡單：什麼也沒有。我們並不知道柴納注射自己所用的針筒裡面，究竟裝了什麼東西。雖然沒理由認為裡頭裝的不是基因編輯試劑，但我們完全不知道劑量多寡，不知道試劑的製備過程是否正確，對於會影響實驗成效的其他眾多因素，我們也不清楚。這是很厲害的個人經歷沒錯，但是對一般人來說，目前為止，舉重是增加肌肉量的最佳途徑，而不是注射試劑。

瞄準成功

唯有經過適當試驗，我們才能有絕對的信心認為基因編輯在人體內發揮效用是安全的，可以帶來生理上的改變。在製造、監督、監測、標準化和長期追蹤的層面，這些試驗需要以大量且高規格的方式進行，而且要有足夠的受試者，才能產生有統計意義的資料，讓我們對試驗結果懷抱信心。這需要一筆龐大費用，恐怕起碼要投入幾千萬美元。慈善贊助者不太可能出這筆錢，主要是因為：如果有這麼多錢可以花，想促進人類的健康和福祉，還有其他風險更低，效果更立竿見影的方法可用，馬上想到的就有下水道系統、疫苗、蚊帳和營養補品。那麼，真的能做這件事的就只剩下私人企業了，只有認為投資終會帶來利潤時，私人企業才有可能掏出錢來，而基因編輯最有吸引力的地方，就是可以創造出治療嚴重疾病的新方法。

從開始嘗試，一路到產品註冊，如果得花上幾千萬，甚至幾億美元，你當然希望找個有足夠機會能成功的疾病。這就牽涉到很多關鍵因素，比如說，你能百分之百確定被診斷為罹患相同疾病的病人，都有相同症狀嗎？這會排除思覺失調症等可能有許多不同病況的疾病。你知道病人罹病的確切原因嗎？這排除了第二型糖尿病，因為目前我們還不清楚這種疾病發展的關鍵步驟是什麼。你知道要對遺傳物質做出哪些改變嗎？這又排除了多發性硬化症，因為我們認為這種疾病是許多細微遺傳變異和環境因素交互影響的結果。你能確定進行你腦中構思的特定編輯，可以預防或反轉病理機制嗎？這排除了阿茲海默症，因為就在最近，針對預設的致病關鍵途徑展開藥物試驗，才剛遭遇慘烈失敗[2]，相關公司可能損失了數十億美元。在基因編輯試劑進入最需要它的組織時，你能保證試劑有足夠濃度嗎？這大概排除了帕金森氏症，因為試劑很難進入腦部組織。經過編輯的細胞能在人體內活得夠久，並在理想狀況下把經過編輯的DNA傳給子細胞嗎？如果你想要限制病人接受治療的次數，這一點很重要。面對像老年人肌肉萎縮這樣的狀況，基因編輯可能很難使得上力，因為老年人的肌肉再生能力已經耗盡。

其實，許多常見疾病和讓人衰弱的症狀，在短時間內不太可能成為適合基因編輯處理的對象，因為它們涉及的問題領域實在太有挑戰性了。想到這些問題的複雜程度，我們可能會納悶：有哪一種疾病是符合條件的嗎？就算有，有足夠的病人讓基因編輯成為符合經濟效益的做法嗎？

說了你大概會嚇一跳，這兩個問題的答案都是「有」。這樣說吧，基因編輯發展的起源來自細菌和病毒之間的軍備競賽，而用基因編輯來治療疾病，有部分是源自於人類和寄生蟲的軍備競賽。

更好的血液

對幾乎所有脊椎動物來說，紅血球非常重要。紅血球其中一項重要功能就是把氧氣運送到需要的地方，並在組織中的二氧化碳濃度達到危險程度之前，把二氧化碳運走。

氣體分子會和紅血球所含的色素——血紅素（讓血液呈現紅色的色素）——結合。血紅素由四條彼此關聯，共分成兩種型態的蛋白鏈組成。成年人體內的血紅素有兩條α鏈，以及兩條β鏈。紅血球裡面可說是塞滿了血紅素。

鐮形血球貧血症是一種遺傳疾病，病人體內血紅素β鏈的譯碼基因發生突變。這種突變遺傳自雙親，所以病人沒有可以產生這種蛋白質的正常基因。鐮形血球貧血症的病人，血紅素折疊的方式不正確，造成整個紅血球變形，難以穿越最細小的血管，卡在血管裡造成病人極大的疼痛。紅血球輸送氧氣到全身的效率也會因此變差，導致病人呼吸困難。

還有另一類稱為地中海貧血的病症，這種患者體內血紅素α鏈或β鏈的含量低於正常值，導致紅血球變得比較脆弱，壽命也不長，病人則是因為缺乏紅血球而產生貧血症狀，感到呼吸困難和疲累。地中海貧血症患者和鐮形血球貧血症患者一樣，從雙親身上遺傳到突變基因。

這兩種疾病普及程度都相當高。說來驚人，全球約有百分之一．一的夫妻有可能生下患有血紅素疾病的孩子[3]。帶有一個血紅素突變基因複本（帶因者）的人數，遠超過正常遺傳分布狀況下的預期人數。然而，這是一種區域性效應，只發生在世界上某些地區。一九五〇年代初期，在肯亞工作的研究團隊發現，相較於罹患瘧疾風險較低的地區，在瘧疾流行地區更常發現這種血紅素的突變基因。他們進一步證明，比起正常人，帶因者的紅血球更能抵抗瘧疾感染[4]。原本，研究人員只在鐮形血球貧血症中發現這樣的關聯，後來證實地中海貧血症亦是如此，也就是說，在瘧疾普遍發生的地區，帶因者出現的頻率比較高。

帶有兩個血紅素突變基因複本的缺點顯而易見——沒有人想要完整擁有鐮形血球貧血或地中海貧血的症狀——但就遺傳角度而言，擁有一個突變複本是利大於弊的。在相關地理區域，擁有突變複本的優勢讓帶因者得以在族群中維持相當高的比例，因為在對抗瘧原蟲的軍備競賽中，這些帶因者打了勝仗。

就以基因編輯為基礎的療法而言，血紅素疾病有許多特點，使它們成為完美的優先目標。這些疾病的診斷準確性可以達到百分之百，而且我們可以輕易在病人身上找到進行遺傳改變的目標。病人有兩個突變的基因複本，帶因者則是有一個正常的基因複本和一個突變的基因複本，而且帶因者是健康的。因此我們知道，把病人的一個突變複本改變成正常的複本，應該足以讓病人恢復到與帶因者相當的健康程度。雖然健康的紅血球在體內的壽命大約只有一百二十天，但我們應該還是可以透過基因編輯來進行小量的干預措施。這是因為我們可以從骨髓中抽取幹細胞，編輯幹細胞的DNA，再將幹細胞重新植入骨髓中，未來數十年，幹細胞應該可以繼續產生健康的紅血球。

這類疾病的患者數量也夠多，使得這麼做在經濟上合乎效益。雖然血紅素疾病發展於瘧疾肆虐的地區——通常是貧窮地區——但人類會在全球各處移動，即使在醫療基礎建設完備的國家，這些疾病也相當普遍。美國約有十萬人患有典型的鐮形血球貧血症[5]，在歐盟則是十二萬七千人[6]。重點是，對於這類疾病，目前沒有真正有效的療法。

說來有趣，醫界一開始會對這些疾病進行試驗，是因為在某些病人身上看到了不尋常的現象。長久以來，臨床醫生知道有些罹患鐮形血球貧血症或地中海貧血症的病人，病情應該要很嚴重，但他們卻健康得不得了。遺傳分析結果顯示，患者確實從雙親身上遺傳到突變的基因複本，但不知怎麼地，他們就是沒事。

詳盡的遺傳研究發現，這些兩個血紅素基因複本都異常的人之所以沒有發病，是因為他們受到另一種突變的保護。這聽起來可能有點奇怪，「突變」一詞通常帶有負面含意，但事實上，突變就只是DNA序列發生改變。對個體而言，突變可能沒有影響，可能有負面影響，甚或有正面影響。

成人所產生的血紅素叫做成人血紅素，這一點也不奇怪。不過，胎兒在子宮裡發育時，會產生另一種形態的血紅素，名稱保留了高度原創性，就叫做胎兒血紅素。這是因為子宮內的含氧量和外界不同，胎兒和成人產生不同類型的血紅素，確保各自都能以最佳狀態適應環境。胎兒血紅素和成人血紅素也源自不同的譯碼基因。

我們出生後，胎兒血紅素的基因表現量就會回調，成人血紅素的基因表現量則增加。幾個月後，紅血球所含的血紅素全部都是成人血紅素基因的產物。但偶爾，胎兒血紅素基因的控制區發生突變，導致基因無法關閉。擁有這個突變的成人會持續產生胎兒血紅素，幸好，這似乎不會造成任何危害。

本來應該產生鐮形血球貧血症或地中海貧血症症狀，健康狀況卻很良好的人，除了遺傳到會引發病症的成人血紅素基因突變以外，也都遺傳到這個發生在胎兒血紅素基因控制區的突變。他們持續產生胎兒血紅素，保護他們免於遭受最嚴重的病症。

CRISPR Therapeutics 這間基因編輯公司利用了這一項臨床知識。他們的策略是抽取血紅素疾病病人的骨髓，在實驗室裡對ＤＮＡ進行編輯，使後續的幹細胞擁有這種自然界中偶然一見，具備保護功能的突變，然後再把經過編輯的幹細胞植回病人骨髓中，這些幹細胞產生的紅血球會產生胎兒血紅素，藉此保護病人。

各位可能會問：這間公司為什麼選擇這種做法，而不是去編輯成人血紅素基因發生的致病突變呢？這是因為，無論致病的突變是哪一種，他們傾向採用應該可以適用於任何一位病人的策略。也就是說，他們可以創造一種適用所有病人的基因編輯標準流程，而無須針對每個病人設計試劑和程序。這麼做可以縮減成本，也讓臨床試驗在標準化和結果解讀時更加輕鬆。

在實驗室利用人類細胞或動物模型進行的所有初步工作，前景看起來都相當光明，而且CRISPR Therapeutics公司（以及他們的合作夥伴福泰製藥公司，Vertex Pharmaceuticals）也在二〇一七年十二月向監管機構申請，準備在罹患這種疾病的成人身上試驗他們的方法。到歐洲臨床試驗資料庫查詢，可以看到申請已經送出[7]，事實上，這項申請目前已經獲得核准。

在美國，也有公司提出類似申請，情況似乎有所進展。然而，二〇一八年五月底，送出申請的公司表示，食品和藥物管理局暫時中止申請進度，並要求他們提供進一步資訊[8]。令人遺憾的是，目前食品和藥物管理局沒有做出任何公開表示，所以我們無法得知他們的擔憂為何。但這樣的狀況並不叫人意外，因為這將會是基因編輯技術首次進行大規模人體試驗，所以有許多未知問題有待處理。

對人類進行基因編輯

早期那些較昂貴、操作較不易，程序較繁瑣的技術版本，在近幾年受到小規模使用。韓特氏症病人體內缺乏一種關鍵蛋白質，導致細胞無法分解某些醣類，醣類因此堆積在細胞裡，進而引起許多症狀，包括聽力喪失、呼吸問題、腸功能障礙、感染風險增加，以及認知能力下降。透過輸液方式，可以讓患者得到他們所缺乏的蛋白質，但這麼做的花費相當高昂，每人每年需要十萬至四十萬美元。二〇一七年十一月，一位四十四歲的韓特氏症病人，接受加州大學舊金山分校研究團隊的試驗，注射了由病毒攜載的早期基因編輯技術產品。這麼做的目的是讓病毒抵達病人的肝臟，對肝細胞釋出基因編輯的機制，這項機制旨在插入關鍵蛋白質的譯碼基因。如果一切順利，肝細胞就會開始製造這種蛋白質，並將蛋白質釋放至血液裡。研究人員並不期待這個方法能夠反轉既有傷害，但希望能夠預防未來的任何病程發展。

這項人體實驗引起大眾極度興奮之情，報章雜誌上出現許多非常不恰當的標題，如「科學家在史上首次基因編輯療法中看到正面結果」[9]。但實際狀況是，研究人員沒有看到任何重大的負面影響。接受基因編輯治療的布萊恩・梅鐸並沒有產生任何嚴重的不良反應，這讓研究人員有信心繼續前進，在第二位有相同疾病的患者身上實施相同做法。

韓特氏症患者的死亡年齡通常在十至二十歲之間，因此梅鐸算是臨床上的特例，他的症狀比較輕微。有了他參與這項試驗，研究人員得以回答某些重要問題。參與試驗的研究人員可以評估一些重要關鍵，像是劑量是否足夠？要編輯多少比例的肝細胞才可以偵測到蛋白質的增加？經過編輯的肝細胞可以存活並製造蛋白質的時間有多長？這個經過編輯的功能是否可以傳遞給子細胞？這些都是有助於後續試驗進行的資訊。不過，參與試驗的梅鐸是否能夠得到臨床上的益處？這是個有待商榷的問題。通常，我們會追捧開發新療法的臨床醫生和科學家，但絕對不要忘了，有許多同意參加試驗的病人，是懷抱著幫助別人勝過讓自己健康好轉的心態，少了他們，新療法不會有任何進展。

各位可能想要知道，這項試驗是使用技術水平顯然落後許多的舊版基因編輯療法，為什麼還能繼續下去？最有可能的原因是，牽涉其中的 Sangamo Therapeutics 公司已經投入重金，在這項療法上耕耘多年。當你的賭金高到一個程度——別懷疑，藥物開發就是一場非常高級的賭博——除了繼續做下去，你別無選擇。

藥物傳輸

要讓基因編輯在臨床上發揮效用，得面臨許多艱困挑戰，其中有一項跟基因編輯的基礎技術幾乎沒有關係。過去基因療法在發展上也曾受到這件事情的阻礙，那就是藥物傳輸的問題。

我們很習慣吞藥丸或喝液體藥物，從藥罐裡倒出一顆藥丸，就可以吃藥了。問題是，這只適合阿斯匹靈、抗生素，或者是抗組織胺等傳統的小分子藥物。像基因編輯試劑這種分子結構大而複雜的製劑，就沒辦法用這種方式處理，因為它們無法通過胃裡面的高度酸性環境。

想要讓某種大而複雜的分子分布在人體各處，一般來說會採取血液注射的方式。血液是人體的運輸網絡，負責運送營養物質、氣體和毒素到它們該去的地方。任何打進血液裡的物質，在運輸過程初期，都會來到人體的大型解毒器官——肝臟。解毒是肝臟最主要的工作之一，在任何奇怪的外來物質傷害人體組織前，將它們分解完畢。

問題在於，對肝臟來說，基因編輯試劑就是奇怪的外來物質，於是肝臟開始幹活，分解這些外來入侵者。到頭來，抵達最終目標組織的試劑劑量過低，無法產生任何效用。

這麼說來，針對韓特氏症進行的試驗，會採取比較舊的基因編輯技術也並不奇怪，因為它鎖定的目標是肝臟，試劑到了肝臟就抵達終點。事實上，就這個例子而言，肝細胞會吸收外來物質的特性絕對是個優點。如果科學家能製造出正確的藥物傳輸包裝，正常發揮功能的肝細胞其實有助於解開包裝，方便基因編輯試劑釋出。這麼一來，試劑很有可能直接進入肝細胞的細胞核，開始進行DNA編輯。如果一切順利，肝臟本身就能產生病人缺乏的蛋白質，把蛋白質釋放到血液裡，蛋白質就能隨著血液前往目標組織，然後開始工作。

針對鐮型血球貧血症和地中海貧血症進行的試驗，也解決了藥物傳輸的問題，不過所用方法不同。基因編輯試劑被直接送進病人的細胞裡，但這細胞所在地點是實驗室，而不是病人體內。一旦編輯成功，再像輸血一樣把編輯過的細胞送回病人體內。

儘管我們認為人體所有組織都是相連並且整合在一起的，尤其又有血液系統居中聯繫，但事情總有例外。這些稱為豁免部位的人體區域，就像是獨立於偉大聯邦實體之外的地方。其實，許多人對這種現象很熟悉，只是沒有意識到自己知道這件事而已。我們都曉得，進行腎、肝、心、肺，以及其他大部分器官移植時，最重要的就是希望捐贈者和受贈者的配對相符程度愈高愈好。其實，所謂的「配對程度高」，意思就是試著找到免疫系統辨識標籤盡可能相似的捐贈者和受贈者，這麼做可以降低風險，盡量讓時時處於警戒狀態的免疫防禦系統不要排斥移植器官。即使配對程度很高，通常，受贈者餘生中都得服用藥物來抑制想要發揮保護作用的免疫系統。

但說到角膜移植，那就完全是另外一回事了。角膜是我們眼球前面透明的部分，角膜移植時，不用進行捐贈者和受贈者的配對程序，受贈者也無須服用抑制免疫系統的藥物。這是因為我們的眼睛其實躲開了免疫系統，是所謂的豁免部位。幾乎可以肯定的是，在演化過程中，這種方法可以預防眼睛產生危險的發炎反應，因為眼睛要是發炎，那是有可能失明的。

因為不必擔心免疫系統攻擊進入眼睛的外來物質，所以眼睛成為基因編輯可利用的首選器官。我們可以把試劑直接注入眼睛的適當部位，因為我們已經知道，在眼睛裡的試劑不會被過度免疫反應清除掉。我們還知道，基因編輯的試劑不會離開眼睛，因此，不用擔心試劑進入錯誤組織，或者在別的地方展開編輯程序。

以人體細胞和動物模型進行的實驗，早已說明基因編輯在眼睛細胞裡是可以發揮作用的。理論上來說，我們應該有可能利用這項技術來穩定，甚至逆轉各種形式的失明狀態，包括基因突變引起的色素沉著性視網膜炎，甚或是跟年齡有關，會影響一般大眾的眼疾，如黃斑部病變。

Editas Medicine 這間基因編輯公司正在進行臨床試驗，打算用這個方法治療萊伯氏先天性黑蒙症這種遺傳疾病。這是一種常見的兒童眼疾，患者甚至在一歲前就有嚴重的視力減退，終至失明。Editas Medicine 計畫透過基因編輯的方式來治療這種疾病，也就是直接在患者的眼睛裡注入試劑，移除致病突變。然而，一次挫折導致他們必須延遲向監管機構遞交試驗申請的計畫[10]。問題似乎跟基因編輯技術本身無關，而是他們製造出來的試劑品質不夠好，也不足以應付臨床試驗的規模。這麼說來，他們現在和更具規模的愛力根公司合作，也就不奇怪了。在真正宣布基因編輯的療效好到足以應用在人類身上之前，必須具備一些看似平凡但實際上相當重要的運作功能，而在這方面，愛力根是一間經驗更豐富的公司。

往東看

當美國和歐洲的監管機構都採取可以理解的謹慎態度，來面對人體基因編輯一事時，事態在中國發展的速度則快多了。據稱，中國的醫院以最先進的基因編輯技術治療了約一百位病人[11]。問題在於，這些是中國醫生對西方記者所做的說明，目前尚未看到已發表的相關科學期刊論文或臨床報告，所以很難知道治療的對象罹患哪些疾病，也難以知曉使用這項新技術之後，病人的病況是否有改善或穩定等現象。

當世界其他地方還在對這項技術進行試驗時，中國何以獨步全球？這很難說，因為實在不知道相關細節，但幾乎可以肯定的是，一部分是因為中國的醫療文化對風險規避的意識較薄弱，而且監管機構的涉入程度不深。每個人對於這個問題所採取的立場，可能跟自身情況有關係。如果罹患無法治療的疾病，導致生命即將結束或生活品質受限，患者可能遲早都會想要接觸新療法。另一方面，倘若醫界提出的治療方法還不穩定，那麼降低監管力道並不是一件好事。

目前，我們仍不清楚，中國的科學家和臨床醫生為什麼不把他們使用的方法和臨床試驗的結果，發表在醫療期刊上。然而，一部分原因可能是因為，中國的監管力道顯然比較薄弱。在西方，一項試驗如果不能符合監管機構的道德倫理標準，這些中國以外的期刊並不太願意刊登描述相關醫療干預方式的文章。

說到缺乏相關發表文獻，可能還有一個很實際的原因。基因編輯的相關基礎技術非常珍貴，打造出這些技術的機構想要積極地保護這份智慧財產權。如果有任何人以商業形式使用了他們的開創性技術，他們預期從中獲得巨額報酬。而在中國，有相當多的醫療行為發生在私人醫療系統中。如果不把基因編輯療法的相關細節發表出來，別人就很難告你侵犯智慧財產權。

無論原因到底是什麼，中國傳出的基因編輯相關資訊如此稀少，實在是太可惜了。為了病人好，我們幾乎可以肯定，公開分享這些資訊可以加速全球的相關進展，讓每個人都能進一步了解哪些做法是有效的，哪些做法是無效的，如果有相關的安全風險，大家心裡也能有個底。

第六章　安全第一

顯然，醫療監管機構對於基因編輯的安全性是有疑慮的。至少，西方的醫療監管機構是如此。但我們不應該認為這個跡象代表基因編輯本來就是危險的。安全性是所有新藥要跨越的第一道障礙。藥物如果不安全，監管機構不太可能允許它進入市場。

當然了，安全是一個相對概念。安全和利益之間必須取得平衡。好比你購買治療花粉熱的藥物，如果它的常見副作用包括噁心、嘔吐、極度疲憊，而且還會掉頭髮，那麼它不太可能得到監管機構的青睞。另一方面，倘若這個藥物對於某種無可治癒的癌症患者來說，是救命唯一選擇，那麼監管機構可能會認為，這些讓病人相當不適，但卻不會致命的副作用，是可以接受的折衷方案。

其實，製藥公司非常擅長辨別哪些藥物有可能引起大規模安全問題，並停止繼續開發這種藥物。如果實驗室的結果已經指出這種新藥的安全性可能不足，因而無法通過監管機構把關，那麼實在沒道理繼續進行昂貴的臨床試驗。

問題在於，一種療法的創新程度愈高，對於它的安全性，我們能夠預測的程度就愈低，新療法可能帶來我們完全預料不到的狀況。舉個奇特的例子，二〇〇九年，在歐洲接種特定流感疫苗的孩童和年輕人，罹患嗜睡病的風險會增加[1]。目前我們仍不清楚這其中究竟有何關聯，而且，在民眾大規模接種疫苗之前，沒有任何人能預料到這種風險。

然而，即使面對的是基因編輯之類的嶄新技術，研究人員和監管機構還是可以採取合乎邏輯的方法來評估風險。就本質而言，基因編輯就是一種改變ＤＮＡ的方法，科學家為什麼如此熱中於二〇一二年才初次問世的技術版本？因為它的精準程度高於過去所開發的任何一種方法。

二〇一七年，哥倫比亞大學的研究團隊發表了一篇期刊文章，指出對小鼠細胞株進行基因編輯後，產生了許多預期以外的突變，這些突變就算沒有上千個，起碼也有上百個[2]，整個基因編輯的相關領域因此稍有不安。在基因編輯準備進入臨床試驗階段的時刻，這樣的研究結果特別令人憂心，但這種恐慌在一年之內就結束了。因為有其他研究人員證明，那項研究的原創實驗設計不良，結論也有瑕疵[3]。值得稱許的是，原本的研究團隊重新審視他們的研究工作之後，承認外界的批評是合理的。後來這篇期刊文章遭到撤銷，不過，六位共同作者中只有兩位同意這種處理方式。

同意刊載那篇文章的期刊編輯遭受許多批評。舉個例子，一位澳洲國立大學的教授做出以下嚴厲抨擊：「這篇文章能夠發表在《自然方法》期刊上，我感到相當吃驚。這是一篇很糟糕的文章，身為期刊審稿人，在第一輪審查過程中，我就會駁回這篇文章。『極富影響力』的期刊捨棄優良的科學研究結果，而去助長這種炒作風氣，實在是令人擔心的趨勢。這篇文章得以發表，顯然是同儕審查制度的一大敗筆[4]。」

各位可能會想知道，科學家為什麼要對這篇結論有誤的原創文章如此大加撻伐？畢竟，這表示科學研究的校正程序奏效了，不是嗎？一篇文章公開發表之後，其他研究人員有所顧慮，然後情況就得到了校正啊，對吧？

不過，研究人員對於科學文獻的發表標準下降感到憂慮，不是沒有原因的。有些抗議聲音來自針對某些療法開發基因編輯技術的公司，因為這篇出錯的原創文章在廣受歡迎的媒體上大量曝光，導致這些公司的股價遭受打擊。這些研究新技術的公司，通常是開發過程中的先鋒部隊，當他們的投資部位因為這些錯誤而受損，對公司而言是重大挫折。

另一個問題則是，被撤銷的文章並沒有消失。各位不妨試試看，在線上搜尋引擎的搜尋欄輸入這篇爭議文章的相關細節，就會找到很多導向這篇文章的連結，但都沒有提到它已經被撤銷的事實，而類似問題持續造成學術界的混亂。

還有另一個問題，那就是當發生重大錯誤的學術研究，遇上了對這種技術不夠信任的社會氛圍，可能會對技術發展造成極大傷害。一九九八年，任職於蘇格蘭一處研究機構的艾帕德．溥之泰博士宣稱，吃了基改馬鈴薯的大鼠生長發育受阻，免疫系統也受到抑制。在研究結果接受同儕審查之前，他已經在電視節目上發表高論。

他這麼做立刻引起軒然大波，民眾對基改食品的憤怒，以及對基改食品影響人體健康的擔憂，很大一部分源自於此。皇家學會對溥之泰的研究進行審查，認為他的實驗數據並不支持他的結論[5]，但傷害已經造成，即使到了今天，一項又一項的研究都無法證明基改食品不利於人體健康，但反基改團體仍然不斷提起這份跟馬鈴薯有關的研究，而溥之泰博士也被塑造成一位遭遇不平對待的英雄烈士。

少數具有權威性的人士或機構，根據不夠充分或有缺陷的數據，做出草率的末日結論，真可謂一場災難，的確會對新興技術領域造成傷害。即使溥之泰博士的研究登上《柳葉刀》，對事情也沒有幫助[6]。雖然溥之泰根據實驗數據在文章中做出的結論，不像他在電視上所說的那麼極端，但批評者認為，《柳葉刀》刊登這篇文章，就像提著油去救一場已經失控的大火。《柳葉刀》對此做出反駁，他們認為不發表就代表支持言論審查，而且似乎打算秉持科學在發展過程中會自我修正的信念。

天啊，《柳葉刀》真的這麼想。遺憾的是，這可能是一種相當天真而且用錯地方的信念，因為編輯似乎忘記了一件事，那就是「令人興奮但品質低落的科學研究」在眾人集體潛意識裡流連的時間，可能會比用來校正它的「無聊但優秀的科學研究」還要久。一九九八年，安格魯．韋克菲爾德那篇惡名昭彰的研究原稿，正是發表在《柳葉刀》上。這篇研究聲稱，自閉症的發展和施打簡稱MMR的麻疹腮腺炎德國麻疹混合疫苗有關[7]。這是一篇樣本數小到令人尷尬，技術糟糕，而且利益衝突相當嚴重的研究文章。一項根據全世界數十萬名兒童所做的大量分析研究，已經清楚證明自閉症和MMR疫苗之間沒有關聯[8]。韋克菲爾德的文章發表了十二年之後，《柳葉刀》終於發布撤銷通知，整整十二年！

不過，在網路上，大概只要十二秒的時間，你就能找到許多還在譴責施打疫苗會造成自閉症的網站。預防兒童疾病的疫苗，可能是過去一百年來最具影響力的一項醫療創新發展，但只要一篇不合時宜、錯誤發表的研究文章，就能破壞疫苗的成就。二〇一七年，歐洲罹患麻疹的人數超過兩萬人，有三十五例死亡紀錄，世界衛生組織將這個狀況歸因於民眾不願施打疫苗[9]。

這就是為什麼那篇聲稱基因編輯會引發數百個意外突變的原創文章，會引起科學界強烈反彈。並非科學界不喜歡這樣的訊息，而是因為科學家認為，這是一項設計不良的實驗，文章的結論也沒有科學性。此外，從過去的教訓中，科學家知道，如果讓一個不適當的觀念占了上風，整個相關領域都會受到汙染和損傷。

這是一把雙面刃

然而，說了這些並不表示基因編輯可以直接跳過安全性問題，特別是要應用在治療人類疾病時。目前，科學界正針對一項潛在的問題領域進行大量研究。

p53 聽起來像是一條市郊的公車路線代號，但它其實是人體細胞裡最重要的蛋白質之一，特別是提到癌症的時候。有時候，p53 又被稱為基因體的守護者，這麼說也許誇張了點，但並不是太糟糕的描述。人體細胞總是接受各種因素的攻擊，如輻射和某些化學物質，這些都有可能造成DNA受損。如果修復不當，這些因素造成的變化可能會導致突變，在某些例子當中，這些突變最終引發癌症。對生物體而言，殺死受損的細胞通常是比較安全的做法，這時候就需要 p53 出馬，基本上，它的工作就是啟動細胞的自殺反應。如果，細胞失去了 p53，或者細胞內的 p53 無法進入活化狀態，往往會導致突變累積在細胞裡。少了功能正常的 p53，再加上突變累積，是大多數癌症的正字標記。

基因編輯的過程其實就是剪切DNA，對DNA而言是一種損傷，因此，其中一個潛在問題就是：細胞「不會知道」這是我們刻意傷害DNA，於是就跟遇到其他形式的DNA損傷一樣，細胞會產生同樣的反應，尤其是活化 p53，藉此限制損傷繼續擴大。

可能就是這個原因導致相關實驗中，基因編輯成功的細胞比例通常遠低於百分之百。未能編輯成功的細胞，可能就是太擅長預防DNA受損了，因為它們的 p53 正常發揮。

二〇一八年，有兩個研究團隊各自獨立證明基因編輯的效率確實會受 p53 機制影響[10、11]。從這裡也衍生出令人憂心的假說：也許，編輯成功的細胞，是 p53 途徑有缺陷的細胞。在大部分實驗狀況下，這或許不是什麼大問題，但是，如果你打算把這些細胞放進病人體內，那就事關重大了。如果要把細胞放進病人體內，你得先對一堆細胞進行編輯，選出編輯成功的細胞，再把這些細胞注入病人體內。但是，如果這些細胞之所以被你編輯成功，是因為它們的 p53 系統有問題呢？這下子你等於用人為方式，把 p53 系統有缺陷的細胞優先注入病人體內，而不是注入 p53 系統能夠正常運作的細胞。基本上，你可能就是把一群稍微走上癌細胞道路的細胞，送給了病人。

這兩份已發表的關鍵文章中，作者負責任地指出，這樣的擔憂目前僅局限於理論上的可能性，而且只適用在基因編輯轄下的特定技術類群，也就是那些想要校正基因瑕疵，而非單純刪除基因的技術層面。

了解基因編輯效率和 p53 存在與否的關係，其實很有幫助。我們可以藉此設計更好的實驗，來評估這項技術用於治療疾病的長期安全性。我們可以提出假說，驗證假說，檢查所有重新植入人體的細胞，是否都具備完整的p53途徑。

這些結果都很好，但對專門做基因編輯的公開上市公司來說可不是。這類研究的消息一傳開，那些正在開發最先進基因編輯技術，藉此治療人類疾病的公司，股價下跌了五到十三點[12]。

只擔心p53的故事會影響股市，從許多方面來看都挺諷刺的。因為說到治療人類疾病，癌症是基因編輯極有可能發揮重大影響的領域，目前有一種新療法，在面對某些腫瘤類型時發揮了驚人效果。使用這種方法的科學家，從癌症病人身上提取特定的免疫細胞，透過基因改造的方法改變這些細胞，讓它們可以攻擊、摧毀癌細胞，並在二〇一五年針對兒童癌症進行試驗，受試者都是對既有的其他癌症療法沒有反應的孩子。接受治療後，三十位病人裡有二十七位的癌細胞消失了[13]，這種程度的療效在腫瘤界幾乎是前所未聞。

基因編輯本身就是一項適合改造DNA的技術，上述這個療法採用基因編輯技術，針對特定病人創造出他們需要的免疫細胞，其實並不是什麼值得大驚小怪的事。目前，學術界和產業界正在全力探索這項療法[14]。

科學面很清楚，經濟面則不然

世界各地的實驗室正在探索基因編輯應用在各種疾病治療上的潛力。一名罹患嚴重皮膚發炮疾病的七歲男童，已經接受舊版基因改造技術的幫助，換掉了全身的表皮[15]，我們幾乎可以確定，基因編輯可以擴展這種療法的應用層面。面對罹患裘馨氏肌營養性萎縮症這種致命性的肌肉耗損疾病[16]、[17]，以及神經退化性疾病杭丁頓氏舞蹈症的病人時[18]，應用新技術來治病的相關研究也正在進行當中。有些家族罹患心臟病和中風的風險相當高，因為他們無法控制血液中的膽固醇濃度，而且又對斯他汀類藥物（預防心血管疾病的主流藥物）不敏感。針對這種狀況，在動物模型中以基因編輯技術加以干預，已得到鼓舞人心的初步成果[19]。

我們知道，罹患這些疾病的病人有可能英年早逝，或者得要終生與疾病為伍，甚至面對兩者兼有的情況。對於患者和他們的家人而言，基因編輯很有可能提供前所未聞的有效療法，其實應該說是治癒機會。這項技術在應用層面遭遇的主要障礙，恐怕不是來自技術本身，而是跟經濟有更大的關係。除非我們能找到方法降低新藥開發的成本（基因編輯之於人類，其實就是一種新形式的藥物），否則病人可能永遠接觸不到這些療法。健康經濟學是一門相當複雜的學問，也牽涉到醫療措施的道德倫理層面。當「昂貴」變成「太過昂貴」，誰有權做出決策？面對已經出生的人類個體，要不要治療他們罹患的疾病，在道德上會形成兩難困境，但跟另一個更大的問題相比，這樣的困境簡直是小兒科，那個更大的問題就是：是否要在人類受孕那一刻就採取遺傳干預措施，讓基因體永遠改變？

第七章 永遠改變基因體

說到治療某人的疾病，通常是指治療一個已經出生的人。醫療干預措施幾乎可以在新生兒出生後就立刻介入。在英國，所有五天大的嬰兒都要接受足跟採血檢驗[1]，其實就是用針刺嬰兒的腳跟，取四滴血做檢驗。這四滴血就足夠檢驗出九種罕見疾病，包括鐮形血球貧血症、囊腫纖化症、一種荷爾蒙缺乏症以及六種造成新生兒無法正常代謝某些化學物質的疾病。若能及早知道新生兒將會受到其中一種疾病影響，醫療專家就能採取干預措施，提高孩子的存活率和生活品質。罹患囊腫纖化症的新生兒很容易有嚴重的肺部感染，及早使用抗生素的重要性攸關生死。患有先天性甲狀腺功能低下症的新生兒生長發育狀況不正常，而且可能會有嚴重的學習障礙，給予他們所缺乏的關鍵荷爾蒙就能達到預防效果。

有時候，醫療干預措施完全不需要使用藥物。在英國，每一萬名新生兒當中，就有一名會罹患苯酮尿症，病人無法分解組成蛋白質的其中一種胺基酸，導致這種胺基酸在腦部和血液中累積至有毒的程度。在我們還不了解這種遺傳疾病，沒辦法進行相關試驗之前，病人在成長過程中會出現學習障礙、行為問題和其他症狀，如反覆嘔吐和癲癇。現在，罹患苯酮尿症的新生兒一出生，醫生馬上就能判斷出來，接著給予低蛋白飲食，並補充新生兒需要的其他胺基酸。只要堅持這種食物療法，並避開含有阿斯巴甜（在病人體內會轉換成引起問題的胺基酸）的人工甜味產品，就能完全克服這種遺傳疾病的所有臨床症狀。

隨著生命繼續向前走，我們往往會服用更多藥物，像是止痛藥、口服避孕藥、抗生素、抗組織胺，接受荷爾蒙補充療法，這些都是司空見慣的事了。就算是老當益壯的幸運兒，可能也會發現自己得服用斯他汀類藥物、低劑量類固醇以及克服勃起障礙的藥物。我們可能還會需要其他藥物，如抗抑鬱劑、糖尿病患者需要的胰島素、治療類風溼性關節炎所需要的抗生素，還有各式各樣用來治療或控制癌症的化合物。

不管你服用哪種類型藥物，也不管你吃藥的原因是什麼，這些藥物都有一個共通點：它們的作用都是在失調的病理途徑中干擾蛋白質活動，或者取代那些表現量不夠高，無法順利完成任務的蛋白質。這些藥物被設計出來的目的，並不是要改變人體的DNA。

其實，製藥過程中有很大一部分努力，投注在讓藥物不會影響DNA這件事情上。所有新藥在開發過程中都會經過篩選，那些會引起DNA變化——也就是造成突變——的藥物，不會是優先選擇的對象。這麼做的其中一項原因，就是為了使藥物在病人身上引起致癌突變的風險降至最低。另一個原因則是要確保藥物不會在生殖細胞（製造卵子或精子的細胞）中引起任何突變。現在，可能引起生殖細胞發生突變的藥物，是很難拿到許可證的。

如果藥物會誘發生殖細胞產生突變，那麼這些突變可能阻止卵子或精子正常發育，進而衍生出生育問題。同樣令人擔心的是，卵子或精子所攜帶的突變，會成為下一代的一部分，萬一發生這種狀況，下一代全身細胞都具備這個突變，而且會把它再傳給下一代。

其實，這種DNA變化隨時隨地都在發生，在從沒吃過藥的人身上也一樣。即使生殖細胞有很嚴格的機制可以控制突變，但突變是無可避免的。突變的發生，一部分是環境因素所致，一部分是因為卵子和精子發育過程中，發生了許多複雜的DNA事件。DNA事件的複雜程度愈高，時而出錯的機率就愈高。當你知道男性每秒鐘會產生一千五百個精子的時候[2]，就知道基因體顯然是有可能發生變化的。

所以，科學家想要製造新藥的時候，通常會努力確保藥物不會讓DNA的突變率明顯上升到超過既有背景值的程度。

從某些角度來說，基因編輯治療人類疾病的方式跟目前人類發現所有藥物的治療方式相比，幾乎是完全相反的。基因編輯的目的是以一種受控程度極高、極為專一的方式，對DNA序列進行徹底改變。在第六章已經談過，科學家如何開發基因編輯技術，試著用這項技術來治療許多難治或不治之症。如果這些療法成功了，也不太可能對生殖細胞產生重大影響。以治療鐮形血球貧血症為例，基因編輯的過程在病人體外發生，再將血液前驅細胞重新送入病人的骨髓裡。再說裘馨氏肌營養性萎縮症，基因編輯試劑可能會直接找上肌肉細胞。改變DNA就是治療病人的方式，但這只會改變病人基因體中體細胞的DNA，也就是說，病人體內有些細胞會受影響，但不會是生殖細胞。

現在，透過這項技術，我們可以改變人體每一個細胞的DNA，進而盤算我們的未來，這在人類史上可是頭一遭。接受治療的病人會把這種刻意製造出來的突變傳給下一代。我們已經來到了這個節骨眼，還很不湊巧的有如前言所說，賀建奎有如災難般的實驗。我們需要後退一步自問：我們為什麼會想到這些？

面對痛苦

對生殖細胞進行基因編輯，這件事最主要的爭議在於有人擔心如此一來會製造出基因體變強的超級人類，他們變得更高、更快、更吸引人。其實，對於這些特徵的遺傳基礎，我們所知相當有限。但我們確實知道，要用這種方式來強化人類是非常困難的，因為這些特徵大部分是許多遺傳變異相互影響產生的結果，對於最後呈現的樣貌，每一個遺傳變異都有些許貢獻。要對這些遺傳變異進行足夠的編輯致使特徵產生差異，是做不到的。

基因編輯本身的複雜性和所需要的成本，也說明我們不太可能把這項技術用在讓父母確定他們的小孩可以有藍色眼睛搭配金色頭髮，或黑色皮膚和薑黃色頭髮，或者任何想要的特徵組合。

不過，人類基因體中也有些單一且獨立的遺傳變異，會對個體產生可預測性極高的巨大影響，而且這些影響有高度的病理性質。這才是對生殖細胞進行基因編輯的爭議所在。

勒－奈二氏症是一種遺傳疾病，患者的症狀既嚴重又嚇人，幾乎到了不可思議的程度。罹患這種疾病的男孩（幾乎只有男孩會受到這種疾病影響），要忍受嚴重的關節疼痛，腎臟功能也不正常。這是因為有大量尿酸沉積在患者身體各個部位，就跟成人常罹患的痛風一樣。痛風病人常說，那種痛楚是你所能想像得到的疼痛裡，最椎心刺骨的一種。現在，各位想像一下，罹患勒－奈二氏症的男孩得要承受這種折磨。

令人難過的是，這還不是最慘的狀況，勒－奈二氏症的病童會發展出許多帶有傷害性的神經行為，其中最惱人的就是自殘行為，包括四肢和嘴唇的大面積咬傷。為了預防這種狀況，大約有百分之七十五的病人，身體多數時間是受到約束的，而且這通常是出自於他們自己的要求。

勒－奈二氏症的病童很少活過二十歲，最常見的死因是尿酸沉積導致腎功能障礙。

腎功能障礙還算容易處理的問題，但這也給病童的家人和臨床醫生帶來令人心碎的道德困境。對許多勒－奈二氏症的病人來說，活著就得忍受身體極大的痛楚，那麼，處理腎臟問題來延長他們的壽命，是合乎道德倫理的做法嗎？

就算我們擁有正在發展的基因編輯技術，要矯正病童腦中的遺傳缺陷依舊相當困難。因為人腦有一種特殊屏障，可以阻止身體其他部位的「汙染源」進入，所以藥物和其他製劑要進入腦部組織可謂難如登天。各類腦細胞當中，神經元很可能是我們真正會執行基因編輯的對象，但神經元是一種不會分裂的細胞，遇到這種細胞，基因編輯的效率往往會下降。而且，人腦大約有一千億個神經元，這又是另一個大問題。再者，我們無法確知神經傷害發生多久之後，就會變成不可逆的傷害，因此我們不知道有多少時間空檔可以用來執行基因編輯。

假設我們已經知道一對夫妻有可能生下罹患勒－奈二氏症的孩子，如果能夠盡可能地及早干預，讓症狀無從發生，這樣不是比較好嗎？理想情況下，醫療干預措施會在生命最早期，當生命還是單一個細胞的時候就介入。精卵結合形成受精卵，既然這一顆單細胞受精卵最後會分化成人體的七十兆個細胞，那麼，何不直接矯正受精卵的突變序列就好了？

這樣的方法並非只能應用在勒－奈二氏症。杭丁頓氏舞蹈症患者擁有一個會引發致命性神經退化的突變，雖然有些患者在童年時期就發病，但常見的發病時間在成年晚期。到了這個時候，患者通常已經生育後代，他們除了知道自己正面對非常可怕，令人極度沮喪的退化現象，還會知道自己的每個孩子都有百分之五十的機率會遺傳到這顆基因手榴彈。

當臨床醫生一知道某個家族有杭丁頓氏舞蹈症的病史，就對受精卵進行基因編輯，確保這個突變不會繼續傳遞下去，這不是很好嗎？每一個經過編輯，又重新植入母體的受精卵，都可以發育成一個嶄新個體，基因編輯可以阻止這個令人絕望的狀況在家族譜系裡繼續蔓延。

透過基因編輯，我們甚至有可能在恐怖的疾病發生之前就加以阻止，在這樣的世界裡，我們面臨的道德困境會有所轉變嗎？在道德層面上，現在已經不再需要證明這種做法的正當性了嗎？現在，我們的處境是要去證明不作為的正當性嗎？

三思而後行

改變人體每一個細胞的DNA序列，以及編輯個體的後代體內每一個細胞的DNA序列，距離執行這種生殖細胞基因編輯，我們究竟有多接近？目前，這個問題的答案可能是：沒有你我想像得那麼近。

進行生殖細胞的基因編輯，還需要配合體外受精的技術。世界各地有許多實驗室和診所可以利用體外受精技術讓精卵融合，製造出受精卵。通常，受精卵在植入女性子宮前，會先在實驗室培養，讓受精卵進行多次細胞分裂。理論上，利用基因編輯技術來改變受精卵的ＤＮＡ是完全可行的，但是，在你把技術成果植入女性子宮前，總是希望先檢驗你的做法是否真的奏效吧？而破壞受精卵是唯一的檢驗方法。

或許，你會先讓受精卵進行幾次細胞分裂，然後取出少量細胞來做檢驗，最有可能是從早期胚胎中找出未來會發展成胎盤的細胞，我們已經知道胚胎禁得起這樣的過程。接著，我們就可以檢驗胚胎細胞，看看基因編輯是否奏效。不過，在這裡必須假設我們是在正確的時間編輯受精卵，好讓受精卵分化出來的每一個ＤＮＡ複本都是一樣的。否則，我們就是冒險把混合著編輯／未編輯過細胞的胚胎植入子宮，這樣可能不會得到想要的臨床結果。

目前，我們尚且沒有百分之百的信心認為取出檢驗的一小群胚胎細胞，就足以代表整個胚胎，所以對人類生殖細胞進行基因編輯不可能立刻有所進展。根據在其他哺乳類動物身上進行的研究結果，前途看起來一片光明，但我們不知道這些結果有多大的程度可以代表應用在人類胚胎上也是如此。在英國，當人類胚胎超過十四天大時，就必須中止相關研究，所以英國科學家在實驗室裡監測胚胎的時間很有限，難以評估基因編輯的結果。此外，在不少國家既有的監管架構下，要進行這類研究是非常困難的，因此進展會很緩慢。

當基因編輯技術成熟，變得更有效率、更可以預期的時候，我們很可能就有信心根據幾個細胞的檢驗結果，來推斷整個胚胎的狀況。但有鑑於利用人類胚胎進行研究受到許多限制，要看到這個方法應用在治療疾病的層面，可能是多年以後的事情了。但是，基因編輯的潛力很明顯，透過改造生殖細胞，對卵子、精子、受精卵或早期胚胎進行基因編輯以達成治療目的的醫療干預措施，幾乎是無可避免，且終究會發生的事情。此外，不是只有科學家準備面對這樣的未來，針對這個前所未見的人類遺傳文本干預措施，我們看到科學家、律師、哲學家到道德倫理專家之間有愈來愈多的合作，為的是辨別、闡明相關的道德倫理爭端，並提出建議。

有所準備

考慮到改造人類生殖細胞可能是多年以後的事，再加上這有相當專業的技術需求，那麼，許多機構對一件目前尚處於假設階段的事情投入大量努力，看起來似乎有點奇怪？但此時此刻，在相關領域的專家之間，包括一般大眾在內的廣泛社群之間，我們需要各方對話不是沒有原因的[3]。

其中一個原因就是，我們無法精準預測到底還需要多久時間，這項技術才會被視為足夠成熟，可以讓研究團隊嘗試改造人類生殖細胞。除了賀建奎教授「領先」國際的案例，在時間壓力下，道德倫理和法律架構很少能夠好好發展，所以，在真的動手做之前，對相關議題有充分考量是很重要的。

另一個原因則是，道德和法律層面的考量確實會對科學研究能否進行，以及科學研究前進的方向產生影響。在理想狀況下，道德倫理不應牽制科學進展，兩者應該共同進步，互通資訊。

編輯生殖細胞的事件一定相當罕見，所以我們其實無須擔心相關道德倫理架構的發展，因為每個個案可以單獨處理，這麼想也挺誘人的，是吧？但面對這個假設前提，我們得小心一點，因為回顧醫療干預的歷史可以知道，一項干預措施如果是有效的，通常會得到相當廣泛的應用。一九七八年，史上第一位試管嬰兒誕生時，體外受精是一種相當小眾的醫療程序，但此後的四十年間，世界上多了大約五百萬名試管嬰兒。

我們還希望，針對編輯人類生殖細胞進行道德和法律層面的公開討論，可以有助於國際間發展統一架構。不同國家之間，法律體系的不一致會導致奇特的現象發生，最經典的例子就是史上第一位基因體經過改造的嬰兒。

這個例子和基因編輯無關，主角是一個醫界創造出來的三親胚胎。人類細胞中約有百分之九十九的DNA位於細胞核中，其中一半來自父親，一半來自母親。剩下約百分之一的DNA，則分布在有細胞的發電廠之稱，數量一至兩千個的次細胞結構——粒線體——當中，而我們只會繼承母親身上的粒線體DNA。

一如核DNA發生突變會造成疾病，粒線體DNA的突變也會帶來問題。萊氏症候群是一種罕見疾病，病人通常在一歲前就發病，相關症狀包括生長遲緩、漸進式的廣泛性神經退化造成病人喪失心智和運動功能，通常在發病後三年內死亡。萊氏症候群的病例中，約有五分之一是因為粒線體DNA發生突變[4]。

這個案例發生在一對很想組織家庭的約旦夫婦身上。妻子曾流產四次，生過一個罹患萊氏症候群，在五歲時夭折的女兒，以及一個同樣患有此病，不到一歲就夭折的兒子。遺傳檢測證明這是妻子的粒線體DNA發生突變所致。雖然她本身沒有受到太大影響，但在她透過卵子傳遞給下一代的一至兩千個粒線體內，DNA的突變程度已經達到臨界點。所以她每次懷孕，結果很有可能不是流產，就是生下患有致命疾病的孩子

二〇一六年，透過一種相當複雜的體外受精程序，她生下一名健康的男嬰。執行體外受精程序的醫療團隊先移除捐贈卵子的細胞核，這顆卵子來自一名擁有健康粒線體的

捐贈者。再把細胞核植入捐贈卵子裡，這個細胞核來自那名粒線體發生突變的妻子。如此一來，就打造出一顆擁有兩人DNA的混合卵：即卵子的核DNA和粒線體DNA來自兩名不同女性。接下來，醫療團隊用丈夫的精子讓這顆混合卵受精。過程中使用了許多顆混合卵，成功受精的混合卵會先在實驗室進行培養。最後，只有一顆受精卵發育成功，也就是男嬰的胚胎，醫療團隊把胚胎植入那一位渴望擁有健康孩子的妻子體內。

這個案例的複雜性不只局限於技術或醫療層面。卵子的處理和體外受精的程序是在紐約市的新希望生殖中心進行，這在美國是完全合法的，但是把受精卵植入母體內就違背了美國的相關法令，所以，植入胚胎的部分在墨西哥進行。雖然，墨西哥的生殖診所不具備執行細胞核轉移的專業能力，但他們也沒有任何明文的規範或法律，禁止把透過這種程序產生的胚胎植入母體內。但是，在植入前要對胚胎進行完整分析，美國或墨西哥的診所都不具備這樣的技術和專業能力，所以這部分是在英國進行的（在道德倫理層面得到相關機構完全批准）[5]。

這過程還真是一團亂，完全稱不上理想狀態。現在，英國成為全世界第一個改變規範的國家，讓這類製造三親胚胎的程序可以從頭到尾在英國完成，並接受適當的監督[6]。

所以，換置粒線體的技術開創了人類改造生殖細胞DNA的先例，這個三親胚胎所衍生出來的每一個細胞，都會擁有混合了兩個核基因體的DNA和一個粒線體基因體的DNA。透過這種技術誕生的如果都是男孩，那就不會把這複雜的遺傳雜燴傳給下一代，因為粒線體DNA只能透過母系遺傳。但如果誕生的是女孩，那麼阻擋人類將刻意改造過的基因體傳遞給後代的屏障，勢必要被打破了，而且是無法逆轉的結果。想把這個先例拓展到生殖細胞的基因編輯，將無可避免要面對更多壓力。

驅動力何在？

為什麼會有編輯生殖細胞DNA這種需求？我們可以從數量的角度來看待這個問

題，先假設我們只把這種基因編輯方式保留給單基因遺傳疾病。有時候，光是一個基因發生突變就足以造成嚴重疾病，每一種單基因遺傳疾病都是罕見疾病。但我們知道，至少有一萬種人類疾病是因為單一基因有缺陷所引起。隨著DNA定序以及相關數據的處理變得更便宜、更容易，毫無疑問地，科學家會鑑定出更多種類似疾病。整體而言，全球有超過百分之一的人口受到單基因遺傳疾病影響，所以，合計起來，這是個重大的健康問題。

一旦家族中出現遺傳疾病，目前有很多種方法可以確保家族女性不會生下帶有遺傳性致病突變的孩子。產前檢驗是最顯而易見的做法，在這種狀況下，女性懷孕是男女雙方發生性行為的結果。到了孕期特定階段，可以對胎兒進行檢驗，看看孩子是否帶有致病突變，如果有，那麼孕婦可以選擇終止妊娠。

對於有宗教信仰的女性，如羅馬天主教或回教的教徒，因為教義反對的關係，終止妊娠可能不是個選項。對大部分女性和她們的伴侶來說，終止妊娠也是一種令人難過的做法＊。

另一種選擇是跟體外受精有關，針對胚胎進行檢驗，選擇沒有致病突變的胚胎植入子宮，即所謂的胚胎著床前遺傳診斷。

但在一些極少數情況下，上述方法都無法解決問題。我們體內大部分的基因都有兩個複本，一個來自父親，一個來自母親。在顯性遺傳疾病中，只要基因的兩個複本其中一個帶有突變，那麼個體就會發病，杭丁頓氏舞蹈症就是一例。罹患顯性遺傳疾病的患者，也有可能從父母身上各遺傳到帶有突變的基因複本，這種狀況相當罕見，表示患者的兩個基因複本都帶有突變，他的所有孩子勢必因為遺傳到其中一個突變複本而發病。

＊作者注：我在英國一所醫學院任教時，教課所用的其中一個真實案例是一位女性，她的孩子有罹患杭丁頓氏舞蹈症的風險。她終止了十次懷孕，最後才生下一個沒有罹病風險的孩子，很難想像這個家庭經歷了多大的痛苦。

如果你患有顯性遺傳疾病，在「正常」狀況下，你的每個孩子都有二分之一的機會遺傳到你的突變基因複本而發病。這是非常高的機率，無論自然受孕或是透過體外受精都一樣。透過體外受精來製造胚胎時，由於任何一位女性所能提供用來受精的卵子數量非常有限，所以很容易出現所有胚胎都帶有突變基因的狀況（可能是因為母體本身就有突變基因，或因為用來讓所有卵子受精的精子帶有突變基因）。或許有少數胚胎沒有得到突變基因，但實驗室培養胚胎的成功率、胚胎植入的成功率和胚胎的存活率都不高。這就是為什麼利用基因編輯來移除突變如此誘人的原因，因為透過基因編輯可以提高「正常」胚胎的數量，進而提高懷孕的成功率。

至於隱性遺傳疾病，個體要拿到兩個突變的複本才會發病。一對罹患隱性遺傳疾病的夫妻所生的孩子，一定會從父母身上各拿到一個突變基因（因為父母沒有正常的基因複本），所以無可避免地會罹患相同疾病。罹患相同遺傳疾病的男女在一起之外，還決定要生孩子？雖然聽起來似乎不太可能，但這種狀況會發生是有充分原因的，畢竟罹患相同疾病的兩個人會有類似的生活經歷。在與「外人」通婚意願較低（通常是宗教信仰的關係）的族群中，這類疾病的發生率達到最高峰，因為男女雙方對彼此的文化理解程度很高，兩個人的同質性（compatibility）可能因此提升。

對於除非是不當父母，否則有很高的機率把遺傳疾病傳給下一代的高風險族群來說，其他選項還包括採用無突變基因捐贈者的卵子或精子。但這時候會遇到一種很驚人的現象：普遍來說，許多人似乎都想要「自己的」孩子，也就是他們希望孩子擁有自己的遺傳物質。也許是一些人類發展過程中，深深埋藏在腦子裡的生物必然性驅動著這樣的想法，就演化角度而言是相當合理的。但我們真的不知道這樣的驅動力為何如此強大，很多時候，有這種感覺的人也不知道該怎麼解釋。

如果從情感面或理智面都無法解釋為什麼有這麼強烈的感覺，科學界和醫學界真的有必要支持這樣的渴望嗎？近期有一份道德層面的評論性文章認為，這麼做有其必要。作者的結論如下：「儘管如此，我們還是有充分的理由去尊重這些想法，並非因為它們是好的想法，是因為這是人的想法，而我們應該先尊重人。」

誰來同意？

「知情同意」是醫學倫理中最重要的一項觀念，相關的定義有很多，其中一個不錯的定義是這樣的：「對於包括臨床試驗在內的醫療或外科干預措施，病人了解其目的、益處和潛在風險後，同意接受治療或參加試驗的過程[8]。」

如果是對胚胎進行生殖細胞基因編輯，知情同意就變得相當複雜。我們會很自然地認為，想要懷孕的女性就是那一位提供知情同意的對象，因為是她接受了促進排卵的荷爾蒙治療，是她的卵子被拿來編輯，是她的子宮裡被植入了一或多個胚胎，是她懷孕九個月生下孩子，整個過程中也是她承受著臨床風險，所以，知情同意的部分由她來提供，似乎是很自然的事情。大部分時候，這位女性的男伴也會參與其中，因為會使用到他的精子，所以我們可以預期，他也是提供知情同意的對象。

但這就是事情變得奇怪的地方。真正的生殖細胞編輯事件，並不會發生在父親或母親身上。DNA被永久改變的是這個孩子，以及這個孩子的後代，而我們無法徵詢他們的意願，或者，他們也無法提供知情同意。當基因編輯開始進行時，他們還只是一個細胞，或一小堆細胞，你要如何對一個不存在的人徵詢同意？更難的還在後頭，實驗室裡的胚胎可能無法正常發育，就算發育了，也未必會被植入母親的子宮裡，就算母親成功懷孕了，也未必能夠順利生產，對於一個可能永遠不會來到世上的人，你要如何假設他知情同意？

天平的一邊是一個可能來到世上，但目前還不存在的人。另一邊是想要有自己血脈的夫妻，他們希望孩子擁有自己的遺傳物質，但不要包含可能會致命的突變在內。我們該如何平衡兩者的權利？

對誰有好處？

對誰有好處？新的醫療科技不斷丟給我們道德和科學層面的迷宮，有時候，這個問題可以幫助我們走出一條路來。透過這樣的思維過程，我們能解決生殖細胞基因編輯的潛力所帶來的困境和矛盾嗎？

許多人的直接反應可能是：殘疾讓人類受苦，能降低殘疾的發生率當然是件好事。這麼說來，利用生殖細胞的基因編輯來處理重大疾病，肯定是件好事，這似乎是顯而易見的結論。但針對這個論點，有些殘疾人士發出了反對的聲音，他們認為，這樣的結論暗指相較於健全人士，殘疾人士被視為次等人類。

這又是另一個複雜的狀況，因為針對尚未來到世上，或不會來到世上的人去推斷他們的想法，其實是有困難的。我們大可以說這種想法並非貶低殘疾人士，我們只是認為少了疾病，他們的生活品質會更好。但我們並不知道他們真正的想法，因為他們還沒來到這個世界上。所以，針對一個不存在的假設個體進行權利和利益的衡量，這麼做是有風險的。

世界衛生組織估計，全球有超過一千六百萬人之所以能夠正常行走，是因為免疫接種運動大幅降低了小兒痲痺的發生率。然而，很少有人會覺得減少小兒痲痺患者的數量是不對的，進而建議減少小兒痲痺疫苗的施打。或許，這暗示著我們看待某些殘疾狀態的角度是不一樣的，取決於殘疾發生的方式和原因。但是，造成殘疾的原因怎麼會是重點呢？難道這意味著我們認為，透過遺傳得到的殘疾是「自然」現象，因為感染病毒所得到的殘疾就不是？如果用疫苗來降低殘疾的發生率是適當做法，為什麼用基因編輯來達到同樣的效果就不是？這種狀況是不是又說明了我們在某種程度上，把基因體看成非常私有的東西？我們對遺傳物質的占有欲又跳出來了？

有關利益的問題，特別是社會利益，是健康經濟學領域中的主要焦點。在醫療干預措施主要由國家公費醫療系統所管理的社會中，這個問題似乎很簡單。如果支持殘疾人士生活的成本，大於對胚胎進行基因編輯，以及為想當父母的人提供所有體外受精程序的成本，那麼對國家而言，在經濟考量上有支持基因編輯的必要性。相似邏輯也可以應用在透過保險模式運行的私人醫療系統上，但這對相關公司來說，在財務上更具挑戰性就是了。不過，以不同民眾的生存成本進行財政評估，進而影響道德倫理層面的決策，肯定會引起一定程度的反感。正如一篇探討基因編輯倫理層面的報告所指：「這種方法看起來就像是優生學運動*的範例9。」

對生殖細胞進行基因編輯，可以讓接受編輯的個人和他的後代免於承受難以負荷的經濟重擔。在公共醫療系統普及的英國，遺傳狀況不會影響個人就醫的機會，這和美國由保險驅動的醫療系統相當不同，令人擔憂的是，這可能會進一步鞏固經濟優勢和社會不平等的現象。很可能只有相當富有的家庭，才有能力讓後代接受生殖細胞的基因編輯。這些經過編輯的個體成年後，在健康程度、工作機會和醫療保險方面的優勢，可能都遠遠勝過父母負擔不起基因編輯費用的人。

殘疾由誰定義？

當我們討論到殘疾的時候，往往好像只有一種定義，只有一種方式去看待所謂的殘疾和殘疾人士。英國的《二〇一〇年平等法》中對殘疾人士的陳述是這樣的：「身心障礙導致一般日常活動能力受到『重大』和『長期』的負面影響[10]。」很明顯地，這個陳述漏掉了科技的影響。各位有戴眼鏡嗎？少了眼鏡，你能安全地開車、過馬路嗎？你還能整天使用電腦嗎？答案是不行嗎？但各位大概不會認為自己是殘疾人士吧？科技能幫助你過上一般的日常生活，甚至還能跟上時尚風潮。

＊作者注：優生學運動提倡人類的選擇性繁殖，藉以累積人類的優良特徵，減少不良特徵的出現。這項運動源自於十九世紀中的英國，曾經多次再興，其中以納粹德國提倡的優生學最為惡名昭彰。

但是，如果你是生活在剛果民主共和國或密西西比農村的窮苦人，弄到一副矯正視力的眼鏡恐怕非常困難，那麼一般的視力不良就有可能嚴重阻礙你的生存機會。

在諸如此類的考量下，我們對殘疾的定義從嚴格的醫學模式，轉移到了社會模式。在社會模式下，讓個體處於不利情況的原因不是殘疾本身，而是社會製造的障礙。這種狀況在現實中很容易觀察得到。倫敦地鐵網絡裡，設置無障礙入口的地鐵站不到四分之一，而在斯德哥爾摩，所有地鐵站都設置了無障礙入口。搭乘斯德哥爾摩的地鐵時，經常可以看到輪椅使用者出現，但在倫敦地鐵上，很少有輪椅使用者的蹤影。能不能使用交通運輸系統以及接觸到交通運輸系統帶來的機會，不是由殘疾人士控制，而是由都會基礎建設來控制。

如果某些殘疾狀況可被視為社會問題，而非醫療問題，這對生殖細胞的基因編輯有何影響呢？大約有百分之七十五重度先天失聰是單基因突變造成的[11]，有許多案例是無預期地發生在家族中，因為父母雙方都是未受影響的帶因者。不過，先天失聰的人士會組成特定團體，隨著時間推移，愈來愈多失聰人士成為父母，他們生下的孩子有許多也是先天失聰。這些失聰人士發現，生活在一個相似的社會團體中，對他們和他們的孩子而言比較輕鬆。

相較於大多數其他類型的殘疾人士，這樣的狀況在失聰人士當中可能較為常見，一部分是因為手語這個強大的推手。跟口語一樣，手語也在許多不同團體中重複發展過許多次。手語到底有幾種？目前沒有明確的數字，但可能有幾百種[12]。手語豐富多變，是失聰人士這個特定文化族群的符碼和特徵。

透過基因編輯技術「矯正」突變來預防先天性失聰是完全可行的。但是，如果失聰和手語有這麼密切的關係，而手語又是一種文化符碼，那麼，基因編輯的介入對這個文化團體而言究竟是一種破壞？還是解決醫療問題？這是可以被接受的做法嗎？

如果反向操作基因編輯，會在道德倫理層面引發怎樣的爭議呢？二〇〇二年，美國一對女同志決定擁有自己的孩子。雪倫・達胥史諾和坎蒂・麥高倫詢問一位朋友是否願意捐贈精子，而對方同意了。這個孩子的誕生引發了巨大的道德倫理爭議，但這一次不是因為同性伴侶的生殖權利。

雪倫．達胥史諾和坎蒂．麥高倫都是失聰人士，那位捐精的朋友也是，而且他的家族有五代的失聰史。選擇一位有這種遺傳背景的失聰人士捐贈精子，她們等於增加了孩子先天失聰的機率，雖然孩子未必失聰，但相較於選擇一位正常的聽人做為捐精者，孩子失聰的機率高出許多。最後，她們的兒子確實先天失聰。

這兩位母親為她們的決定做出辯護：「接受《華盛頓郵報》採訪時，這兩位女性表示照顧一名失聰的孩子，她們可以把親職的工作做得更好。她們相信，她們可以更透徹地了解孩子的生長發育，提供孩子更好的指引，並表示這種做法跟選擇某種性別沒什麼不一樣。她們表示，在她們這一代人心中，失聰不是一種殘疾，而是一種文化認同[13]。」

支持和譴責的聲浪立刻出現。無論是失聰人士或聽人，都有正反意見存在。這是一道朝向設計嬰兒的滑坡？或是一個讓家長和孩子可以輕鬆溝通的務實決定？是把孩子充滿潛力的未來拒於門外，還是歡迎孩子加入失聰人士文化社群？是一種權力濫用？或者，這個被我們假設聽力正常的孩子，他不存在，未來也不會存在，所以沒什麼好討論的？

當然，選擇跟誰生孩子是這兩位女性的自由，整個過程中也沒有醫療干預措施介入，所以，就這個例子來說，任何道德倫理委員會或監管機構都無從插手（他們或許因此大大鬆了一口氣）。我們可以透過基因編輯來「矯正」致聾突變，不過，想要在正常的胚胎中引入突變也同樣簡單。這就回到先前提出的難題上了，誰有權利做決定？是那個會來到世上的孩子？還是那個不會來到世上的假設個體？還是孩子的家長？

在一個基因編輯介入人類生活的世界裡，我們也許不用馬上處理這類問題，但幾乎可以肯定的是，總有一天要面對。

第八章 人類仍應擁有萬物的統治權嗎？

以造成死亡人數的角度來說，地球上最致命的動物是……？這是酒吧競猜遊戲和學校測驗最愛問的問題。在大多數人的猜測名單上，鯊魚、獅子和蛇往往名列前茅。猜蛇是個好主意，因為每年有數十萬人遭蛇吻而死[2]。至於鯊魚和獅子，每年造成的死亡人數僅有幾十人。

不過，在死亡人數這項賭注上，蚊子顯然是贏家。每一年約有七十五萬人因為這些小小的飛行動物而死[3]。當然，蚊子和蛇、獅及鯊魚不一樣，牠們不會直接取人性命，惱人的蚊子從來沒扯斷過誰的四肢，蚊子之所以如此致命，是因為牠們所傳播的疾病。

蚊子本身不會受到疾病影響，牠們只是執行生活史的循環，疾病是來搭便車的。只有雌蚊會傳播疾病，卵在雌蚊體內發育時，雌蚊需要某些養分來滋養這些卵。血是這些營養成分的最佳來源，令人難過的是，某些特別煩人的蚊子種類偏偏就喜歡人血。

當蚊子吸血的對象體內感染了某種致病微生物，那麼蚊子在吸血時也會攝入這些微生物。蚊子的唾腺提供了非常舒服的環境，讓微生物在這裡增殖、發育。當蚊子又找上另一個人吸血，致命微生物就隨著蚊子的唾液傳播出去。

這樣的過程對人類公共衛生造成極大負擔。有四種彼此有親緣關係的微生物，都把蚊子當成傳播媒介，進而引起不同形式的瘧疾。二〇一六年，有兩億一千六百萬起瘧疾病例，造成四十四萬五千人死亡，其中九成死亡案例發生在撒哈拉以南的非洲地區[4]。把蚊子當成傳播媒介的疾病並非只有瘧疾，每年全球有一億人感染登革熱，數十萬人的病程發展為出血性登革熱，病人會有過度瘀斑和過度出血的狀況。最嚴重的出血性登革熱死亡率約為百分之五，相當於奪走幾千人的性命。黃熱病病毒和茲卡病毒也是透過蚊子傳播，不過，茲卡病毒也可以透過人類的性行為傳播[5]。

為了快速回應茲卡病毒這種相對近期的人類健康新危機，跟疫苗有關的臨床試驗早已開始進行。大家都希望結果能成功，但茲卡病毒疫苗的開發不像瘧疾疫苗那樣樂觀，幾十年來的研究已經證明，想要開發疫苗來對抗這種病毒非常困難。

瘧原蟲這種單細胞生物的生活史非常複雜，導致它們成為難纏的對手。因此，控制瘧疾傳播的重點大部分放在預防，包括相當簡單的做法，像是晚上睡覺時懸掛浸泡過殺蟲劑的蚊帳，因為晚上是蚊子最活躍的時候。

病媒蚊會找積水的地方產卵，在溫暖潮溼的地方興盛繁殖。預防蚊媒傳染病的社區做法，通常包括清除病媒蚊繁殖地點，像是看起來毫不起眼，因為倒放而積滿雨水的垃圾桶蓋。

這些預防策略的成效似乎已經趨於平穩，因為瘧疾的感染率不再下降，這背後有各式各樣的原因，其中有許多原因來自於，想要在世界上一些最貧窮的社區建立長效且能夠持續的公共衛生活動，是一件很複雜的事情。重大的衝突和內戰大幅阻礙了公衛活動的進展，氣候變遷導致地球的天氣系統發生變化，幾乎可以確定病媒蚊和傳染病影響的範圍一定會擴大。

友善蚊

雖然，「友善蚊」聽起來可能像是《好餓的毛毛蟲》這本繪本的續作，但它其實是牛津昆蟲技術公司擁有的商標，代表一種經過基因改造的特殊蚊種，這種蚊子可以傳播引發登革熱、茲卡病和黃熱病的病原[6]。

二〇〇二年，牛津昆蟲技術公司培育出他們第一批友善蚊。這些接受基因改造的蚊子，體內含有一種自殺基因。自殺基因一旦啟動，就會干擾蚊子的細胞活動，造成蚊子死亡。這間公司很聰明，沒把這種經過基因改造的蚊子取名為「自殺蚊」之類的愚蠢稱號，銷售基因改造產品的公司最不需要做的事情，就是給自家產品取個嚇人的名字。

現在，這間公司在實驗室進行培育，生產數百萬隻經過基因改造的友善蚊。在許多爆發相關病媒蚊疾病的地點，這些蚊子已經被釋放到野外環境，例如在開曼群島上的一處特定地區，已經釋放了八百萬隻友善蚊。

這些大量釋放的友善蚊都是雄蚊，一旦可以自由飛翔，牠們就會做雄蚊總是會做的事：試著找雌蚊交配。假設交配成功，那麼友善蚊所有的後代都含有自殺基因。自殺基因的表現會導致一種致命毒素在蚊子體內累積，造成友善蚊的後代在幼蟲期或蛹期階段就死亡。在開曼群島進行的試驗結果十分振奮人心，經過重複的野外釋放程序，在一個季度的時間內，研究人員偵測到的蚊卵數量減少了百分之八十八，體內攜帶病毒的蚊子數量則是減少了百分之六十二。

這些經過基因工程改造的小昆蟲之所以是一種相當好的技術解決方案，原因有很多，除了自殺基因以外，友善蚊還會把一種特定螢光蛋白質的譯碼基因傳給後代。在野外，研究人員可以利用螢光來辨認哪些蚊子繼承了友善蚊經過改造的遺傳物質。經過基因改造，自殺基因已經安置在友善蚊的基因體裡，成為正向迴路的其中一部分。自殺基因一旦啟動，就會開始提升自身的表現量，意味著在蚊子體內，有毒物質很快就會累積到致命程度。

這項技術最美妙的地方在於它解決了很基本的問題。如果自殺基因是致命的，為什麼雄蚊在長大成年，被釋放到野外毀了雌蚊想當媽媽的夢想之後才會死？這是因為，培育了數百萬隻雄蚊的牛津昆蟲技術公司，有辦法控制牠們的飲食。研究人員在給雄蚊吃的食物裡添加了四環素這種抗生素，四環素會和自殺基因結合，造成自殺基因關閉。自然界並沒有四環素這種物質，所以雄蚊到了野外之後，自殺基因才會啟動，而體內原有的四環素足夠牠們活著找到雌蚊交配。至於繼承了自殺基因的後代，因為食物中不含四環素，所以無法關閉牠們的自殺基因。於是，這些遺傳了致命基因的蚊子就會死亡。

這項技術還有許多值得欽佩的地方，廣效性化學殺蟲劑的使用可能因此減少。用化學藥劑來滅蚊，人類很難徹底找到每一處雌蚊喜愛的小型積水空間。但尋找雌蚊這件事對經過基因改造的雄蚊來說不是問題，一億年來的演化已經讓牠們成為尋找雌蚊的大師。牛津昆蟲技術公司只針對一種蚊子進行基因改造，所以其他不是病媒蚊的蚊子不會受到影響，這種蚊子並不是開曼群島的本土生物，而是透過人類活動意外引入當地。這是一項自限性技術，一旦釋放到野外的雄蚊和牠們的後代都死亡，自殺基因就會從族群裡消失，一切都是為了把對生態系的破壞程度降到最低。

驅向滅亡

隨著最新的基因編輯技術繼續發展，科學家可能設計出更精密的方法來控制蚊子和其他有害昆蟲，這些新方法發展和實施的速度，可能遠比牛津昆蟲技術公司當初創造友善蚊所依賴的技術還要快。

倫敦帝國學院所進行的研究，為此建立了一個迷人的模型[7]。研究團隊研究一種在撒哈拉以南非洲地區很常見的蚊種，這種蚊子是瘧疾的主要病媒蚊。他們利用基因編輯的方式創造出一種非常奇特，在自然界很罕見的現象。從本質上來說，他們顛覆了一項遺傳學的基本原理。

蚊子跟我們一樣，大部分基因擁有兩個複本，分別來自父母雙方。產生精子時，雄蚊體內每個基因都只有一個複本會進入精子，雌蚊產生卵的時候，情形也差不多是這樣。當精卵結合開始發育成新的個體，個體的每個基因便恢復成擁有兩個複本的狀態。

讓我們假想現在有一隻雄蚊，再從牠體內隨機選擇一個基因，這個基因就叫做RANDOM，再讓我們假設RANDOM基因有兩個顏色，可能是紅色，也可能是黃色，至於我們假想的雄蚊，牠的RANDOM基因有一個紅色複本，有一個黃色複本。當這隻假想的雄蚊產生精子，會有一半的精子含有紅色複本，一半的精子含有黃色複本。我們也會預期牠的後代有一半繼承了紅色複本，有一半繼承了黃色複本。這就是所謂的平均律。

讓我們再接著想像，紅色複本是比較少見的複本，也許十隻蚊子裡只有一隻擁有紅色複本，如果這十隻蚊子各有一百隻後代，那麼下一代中，每一千隻蚊子裡只會有五十隻擁有紅色複本。在後續世代裡，紅色複本在族群裡可能永遠不會達到高含量，因為它會持續被黃色複本淹沒。這也是平均律的關係。

但是，如果我們能影響遺傳骰子的滾動，讓紅色複本在每一代都過度表現，進而在族群中達到很高的含量呢？正常狀況下，這只有在相較於黃色複本，紅色複本提供蚊子相當強烈的選汰優勢時才會發生。帝國學院的研究團隊就是做到了這一點。他們發現的方法有利於傳遞一個關鍵基因的某個複本。這表示，他們能夠增加這個複本在蚊子族群裡擴散的速度，使它的含量遠高於平均律的預期結果。這種現象就叫做「基因驅動」。

科學家透過基因編輯做到了這一點，用非常聰明的方式改變蚊子這種關鍵基因的其中一個複本。他們把整個基因編輯卡帶放進蚊子基因體的特定位置，就在一個選定基因的其中一個複本裡。這種蚊子繁殖時，就會把基因編輯卡帶傳給一半的後代。

這塊基因編輯卡帶經過設計，在蚊子後代發育到某個時間點就會啟動，一旦啟動，它會找到繼承自親代另一方的基因複本，把這個基因複本剪下來，再把它變成跟自己一樣的基因複本。其實，這就像是紅色複本去對黃色複本動手腳的意思。擁有這種基因編輯卡帶的蚊子剛出生時，可能各擁有一個紅色和黃色複本，但在發育過程中，這個基因的複本都變成了紅色複本。

一旦發生這種狀況，蚊子族群中這種關鍵基因經過編輯的複本，含量就會高於預期。基因驅動於焉展開。

研究人員的實驗衣袖裡，還藏著另一項乾坤。他們動手改變的基因，是一個很奇特的基因，叫做雙性基因。蚊子擁有一個正常雙性基因複本，和一個經編輯的雙性基因複本時，還是可以正常發育。但是，如果蚊子擁有兩個經過編輯的雙性基因複本，事情就會變得很奇怪。這些個體有一半會發育成非常健康，有生殖能力的雄蚊。另一半則是發育成生殖系統一團亂的雌蚊，牠們同時具備了雄性和雌性的生殖器官，但牠們沒有生殖能力，也無法產生卵子。因為不會產生卵子，所以這些雌蚊不需要吸血，媒介人類疾病的風險也立刻降低了。

就控制蚊子的族群來說，這種基因編輯技術有很多好處。雌蚊不吸血，也沒有生殖能力，而且，這種經過編輯的基因使雌蚊不孕性在族群內傳播的速度比正常狀況快得多。

研究人員培育了一個數量安全的蚊子繁殖群，含有三百隻正常雄蚊，一百五十隻正常雌蚊，以及一百五十隻雙性基因複本分別是正常複本和編輯複本的雄蚊。然後透過數學模型來預測雙性基因編輯複本在族群裡的傳播情形，以及對蚊子生殖力所造成的影響，預測結果顯示在九到十三代的時間內，這個族群就會崩潰。針對這個實驗進行多次獨立試驗，實際結果顯示，族群崩潰的時間都在數學模型預測的時間範圍內。

這些實驗結果未必代表在自然界也會看到如此劇烈的影響。只有一個雙性基因編輯複本的蚊子，可能具備一些意料之外的弱點，而這些弱點只有在激烈又複雜的競爭環境下才會顯現出來。未來還要進行大規模的田間試驗，但這個方法極有可能同樣適用其他有害昆蟲。

「能做」代表「該做」嗎？

透過基因驅動來消滅蚊子是一個例子，說明在生態系的層級上也可以進行科學干預。令人擔心的是，試圖用這種方法來控制人類不喜歡的物種，經常強調了一種叫做「非意圖結果」的現象。

從一九四〇到一九七〇年代，DDT殺蟲劑的廣泛濫用，幾乎帶來一場環境災難。DDT的效用非常廣泛，會造成許多不同種昆蟲大量死亡，食物網嚴重扭曲，還造成鳥類族群崩潰，尤其是位在鳥類食物鏈頂端的猛禽。

最近，蜜蜂這類的授粉昆蟲數量大幅減少，可能和新菸鹼類殺蟲劑的使用有關。如今，歐洲食品安全局對這類化合物的使用進行嚴格控制[8]。

當我們把化學藥品引入環境當中，不是只有化學藥品會造成問題而已。一九三五年，澳洲將三千隻蔗蟾釋放到野外，目的是為了控制會損害甘蔗的甘蔗甲蟲。蔗蟾是南美洲的本土物種，但非常適應牠們的澳洲新家。對任何可能想把蔗蟾吃下肚的動物來說，蔗蟾是有毒的，而澳洲有相當大量的無脊椎動物很合蔗蟾的胃口，諷刺的是，甘蔗甲蟲並不在蔗蟾的菜單上。現在，澳洲有數百萬隻蔗蟾，牠們正在破壞許多脆弱又獨特的生態系[9]。

說到處理這種狀況，當然有成功的案例，尤其是控制所謂的入侵種。從國外引入，在澳洲大肆猖獗的仙人掌（prickly pear）之所以受到控制，是因為引入了一種特別愛吃這種仙人掌的蛾類[10]。二十世紀中期，美國有將近二十萬公頃的農地飽受金絲桃蔓延之苦，這種植物從未出現在美國的自然環境裡。多虧了從澳洲引入的甲蟲，如今美國的金絲桃幾乎完全絕跡[11]。

問題在於，我們通常是在執行干預措施之後，才有辦法全面了解生態系受到的影響。如果利用基因編輯來造成蚊子族群崩潰，可能會有什麼後果？會不會導致蚊子的天敵，如蜻蜓和蝙蝠，數量大幅下降？會不會造成其他種類的蚊子或昆蟲擴張牠們的勢力範圍，占據這個新騰出來的空缺，進而帶來其他不同的病媒生物？某些種類的蝙蝠是重要的植物授粉者（如果你喜歡喝龍舌蘭酒，就得感謝幫龍舌蘭授粉的蝙蝠），所以，當蝙蝠族群受到干擾，可能在重要的作物上產生意料之外的連鎖反應[12]。

當然，各位對這件事情的看法可能會因為你所居住的區域和所接觸到的疾病有關。如果你住在溫帶地區，比起生活在會因為瘧疾而失去家人的熱帶地區，蝙蝠數量驟減對你造成的影響可能比較大。

透過基因編輯而實現的基因驅動技術之所以吸引人，是因為只要引入一次，基因就可以快速地在族群中傳播，因此有些贊助者願意在這個領域砸下重金。比爾與美琳達．蓋茲基金會在這些技術上已經投資七千五百萬美元，而美國國防高等研究計劃署也已經傾注一億美元。但基因驅動技術造成基因的快速傳播和持久存在，正是我們該擔心的地方。經過基因編輯的蚊子一旦到了野外，想把牠們放回試管裡可是萬分困難。

趕走鼠輩

即使我們不是故意的，但人類往往引發生態浩劫。能跟我們想要破解周遭一切事物的習性相提並論的，大概就只有我們那總想探究前景的痴迷想望吧！下一個河灣是什麼風景？地平線的那頭是什麼模樣？人類史是旅行和探險交織而成的歷史，一路上我們幾乎都有同伴，特別是齧齒類動物，牠們經常潛藏在我們的交通工具裡，跟著我們以驚人的速度踏遍全球。

與世隔離的偏遠地區尤其容易受到入侵種影響。這些地區（特別是島嶼）的動物，在行為或其他層面，幾乎沒有演化出任何可以對抗入侵種的防禦機制。從外地引入哺乳動物摧毀本島動物族群的案例一再發生，蘇格蘭的希恩特群島地處偏遠，島上海鳥正遭遇大鼠帶來的嚴重捕食威脅。利用大鼠難以抗拒的巧克力粉和花生醬設陷阱引誘牠們，藉由這種低科技含量的方法，目前海鳥被捕食的狀況已經受到控制[13]。在南喬治島，大鼠和小鼠對當地的鳥類族群造成浩劫，其中包括兩種南喬治島的特有鳥類，經過四年大量空投毒餌的方式，終於消除了鼠患[14]。

這些成功的做法固然廣受大眾歡迎，但有些狀況是毒餌和陷阱解決不了的。說來遺憾，如此傳統的做法只適用於地理上相當隔離的地區，而且還要確保在地的本土物種不會受到毒餌影響。針對其他狀況，想要控制入侵本地的脊椎動物，我們需要可以安全實施的替代方案。

研究人員顯然很快就會發現，透過基因編輯技術，他們能夠以前所未見的速度來設計、測試基因驅動的機制。加州大學聖地牙哥分校的研究團隊就利用基因編輯技術，在實驗室創造出一種體內含有基因驅動機制的小鼠。他們並沒有想要創造出致實驗動物於死的驅動機制，他們只是想要研究原理是否可行，所以他們想出了一種可以改變小鼠毛色的基因驅動機制。倘若這個基因驅動機制如期發揮作用，小鼠族群中白色小鼠數量增加的速率，應該會比未經編輯的族群來得快。

令這些科學家失望的是，他們發現在小鼠開始繁殖後，會讓小鼠毛皮變成白色的基因並沒有在族群中快速傳播，白色小鼠的數量遠低於預期。這個經過編輯的基因，傳播速度比不上先前提過的蚊子基因驅動實驗。在雄性小鼠中，這個基因傳播的狀況特別差，表示在小鼠製造精子的過程中，這個基因遇到了特別麻煩的阻礙。這篇研究論文的作者做出總結：「針對以基因驅動技術來減少野外入侵種齧齒類動物族群這件事，無論是樂觀其成或是憂心忡忡，都顯得為時過早[15]。」

無可避免地，未來一定會有愈來愈多嘗試用基因驅動來控制入侵種的做法。這些新型態的基因編輯技術，讓科學家可以更輕易地創造出奇特的遺傳材料，進而刺激這個領域的研究發展。當某些地區出現了新的政治企圖，想要處理入侵種造成的問題時，也可能會採用這種做法。紐西蘭就發起了一項名為「二〇五〇年掠食者消失無蹤」的倡議，目標是「消滅紐西蘭最具傷害力的入侵捕食者：大鼠、白鼬和負鼠[16]」。目前，這項倡議的重點放在設陷阱和其他傳統方法上，然而，如果他們多了一項武器：透過基因編輯技術來創造出致死的基因驅動機制，實在也不用感到驚訝。

也許有讀者注意到，紐西蘭的打擊捕食者名單裡少了一種動物，紐西蘭大約有一百五十萬隻貓，牠們可能對環境造成極大破壞。美國一項研究指出，自由放養的貓每年殺死的獵物有數十億隻[17]。不過，任何國家的政府機構若想控制貓的數量，通常會遭遇極大程度的敵意和反對聲浪。控制有害動物這件事，就跟大多數其他領域的人類活動一樣，我們似乎很難放棄「人類主宰萬物」這樣的信念。

第九章　問題任君挑選

新型基因編輯技術之所以對基礎科學產生如此大的影響，其中一個原因在於，這項技術可以應用到任何物種上，而且操作簡單，價格便宜。過去的任何一種方法都做不到這一點，因為它們需要非常專一，針對單一物種進行微調的分子試劑。如果研究人員想要研究一種非常特殊的動物或植物，光是開發他們想要使用的遺傳工具，可能就要花上好幾年。但此景不再，新技術已經讓生物科學變得大眾化，不管你選擇多麼沒沒無名的物種，你都可以製造出分子試劑來探究你真正感興趣的問題。這純然是好奇心驅動的研究，而且可以產生影響力極大的結果。

蝴蝶很重要

鱗翅目的昆蟲種類將近十八萬種，約有一成是蝴蝶，其他則是蛾類。在最受大眾喜愛的昆蟲票選活動裡，蝴蝶在大家心目中的排名和瓢蟲並駕齊驅。要不喜歡蝴蝶實在很難，牠們既不會叮咬我們，也不會破壞農作物（至少蝴蝶的成蟲不會），而且很多蝴蝶看起來美輪美奐，身上有各式各樣的圖案和顏色，看起來通常相當鮮豔華麗。琳瑯滿目的翅膀圖案和顏色讓我們可以輕易分辨蝴蝶種類，但這也令人想到一個頗為奇怪的問題。所有蝴蝶種類幾乎都使用相同的基因，牠們的外觀究竟為何能有這麼豐富的多樣性？想要回答這個問題會陷入困境，因為針對蝴蝶進行遺傳研究相當困難。不過，容易操作的最新版基因編輯技術問世以後，一切都變了。

康乃爾大學的研究團隊對蝴蝶身上某個基因特別感興趣，這個基因跟翅膀圖案及顏色發展有關，能找到這個基因是多年來許多辛苦研究累積的成果。儘管研究人員認為這個基因很重要，但卻在如何設計具有確定性的最終試驗時碰了壁。不過，有了新的基因編輯技術，突然之間，充滿好奇心的鱗翅目學家可以盡情發揮了。

研究人員利用這些新方法來干擾四種蝴蝶的基因表現，導致蝴蝶的翅膀原有的紅色被黑色取代。科學家推斷，他們所研究的基因就像個開關，控制著蝴蝶細胞產生有色色素或黑色素。他們在四種分化時間超過八千萬年的蝴蝶身上，都發現了一致的結果，說明控制翅膀呈現彩色或黑色的系統，是蝴蝶體內非常基本的系統。

但其中至少有一種蝴蝶的基因改造實驗結果，說明這個基因還扮演著其他角色。十九世紀期間，在蜻蜓等各種色彩鮮豔的昆蟲中，收藏家之所以特別鍾愛蝴蝶，是因為牠們呈現某些最引人注目的色型。蜻蜓身上珠寶般的亮麗色澤，通常是由色素所產生，色素是細胞中的特殊蛋白質。蜻蜓死後，這些蛋白質就會分解，導致標本的顏色褪去，原本光彩奪目的蜻蜓變得黯淡無光，某些種類的蝴蝶也是這樣，製成標本收藏後，就像攤在烈日下的畫作，逐漸失去光彩。

但有些最吸睛的蝴蝶是以另一種方式產生色彩。牠們用的不是色素，而是翅膀上那些物理結構十分複雜的鱗片。物理結構會影響鱗片和光線交互作用的方式，導致光線彎折，進而產生亮眼的色彩，如特別鮮豔的藍色。這就是所謂虹彩，是一種結構色。由於這種色彩取決於鱗片的物理結構，而非色素，所以就算蝴蝶死去，這些顏色也不會分解和褪色。博物館收藏中，有些散發虹彩的蝴蝶標本收藏時間已經超過一個世紀，色澤依然亮麗如昔，和牠們被製成標本的那天一樣明亮生動。正是這種恆久不減的亮麗色澤使蝴蝶標本備受收藏家珍視。

康乃爾大學的研究團隊針對四種蝴蝶進行試驗，改造牠們體內一個特定基因，結果吃驚地發現，在其中一種蝴蝶身上，這種基因改造的結果，不是只有讓翅色由彩色變成黑色而已。北美眼蛺蝶翅膀上的棕色和黃色被亮麗的虹彩藍所取代，沒有人預料到會有這樣的結果。這表示被改造的目標基因在正常狀況下有兩種效用：一是抑制黑色素的生成，一是阻礙形成虹彩的結構特徵有所發展。

在親緣關係相近的物種上，干擾同一個基因的表現，怎麼會產生如此不同的結果？很可能是因為這個基因還控制了許多其他基因，而在不同種類的蝴蝶身上，這些基因會共同影響翅色的形成。研究人員針對正常的蝴蝶以及接受基因改造的蝴蝶進行檢驗，看看是哪些基因被啟動了，結果找到好幾個可能導致最終結果的候選基因。在最早發表的期刊文章中，他們無法檢驗自己提出的假說[1]，但我敢說他們現在應該正在利用基因編輯技術進行更深入的研究。

為了等一篇有關蝴蝶分子遺傳學的期刊文章，你可能等了半輩子，結果同時出現兩篇。在同一份期刊上，一群分布於美國至英國七所不同大學的生物學家，接著發表了第二篇相關文章。他們同樣利用基因編輯技術來研究蝴蝶翅膀的圖案和色彩，但他們感興趣的基因有別於康乃爾大學的研究團隊[2]。他們以七種蝴蝶為材料，用最新的技術使相關基因失去活性。這種去活性的方法讓他們輕易地辨識出蝴蝶翅膀圖案所發生的變化，這篇文章的作者們因而得出結論：在單一種蝴蝶身上，這個基因和翅膀上不同區域的圖案發展有關，產生可供鑑別種類所用的特殊條紋、斑點和斑塊。其中一位資深作者做了個完美的注解，他把這個基因形容成一種在蝴蝶翅膀上繪製圖案的素描工具，至於康乃爾大學研究團隊所分析的基因，就像是在圖案中填上色彩的畫筆[3]。

他們也指出，這個有如素描工具的基因，還與不同種蝴蝶翅膀上產生不同的複雜圖案有關，表示這個目標基因在不同種蝴蝶體內運作的方式稍有不同，可能是因為受它影響的關聯基因略有差異所致。這種基因交互作用有細微差異的模型，與一項演化理論所述相符，這個理論認為，在一組會交互影響的基因當中，一些顯見的細微變化，會導致巨大的種間變異。

這兩篇文章發表的數據引起大眾媒體不小的興趣，因為幾乎沒有人不喜歡蝴蝶。這樣的研究工作也給演化生物學家帶來真正的刺激，因為它幫忙解釋了昆蟲世界中一些令人詫異的多樣性。不過，最叫人吃驚的一點其實是：這類的實驗已經可行，而且做實驗的速度快得不可思議。就如其中一位資深作者既驚嘆又略帶感慨地說道：「幾年前，這些實驗都還是遙不可及的夢想。我的職業生涯中最具挑戰性的任務，在一夜之間變成了大學生等級的研究計畫[4]。」

蠑螈的祕密

墨西哥鈍口螈是一種看了會令人開心的可愛生物，牠是蠑螈家族的兩棲動物，有著一張看似正在微笑的臉，即使我們知道這麼說是把牠擬人化了，但還是忍不住微笑回禮。

墨西哥鈍口螈的處境非常奇特，牠們是極危物種但在地球上的數量卻有幾百萬隻。這是因為野外幾乎已經完全沒有墨西哥鈍口螈，但人為飼養的數量非常多，其中一個原因是因為，牠們是模樣可愛又容易飼養的寵物。另一個原因則是牠們具備在人類眼中幾乎可謂奇蹟的再生能力，這使牠們成為廣受科學家歡迎的模式生物。

如果人類失去了最小的腳趾、一部分耳垂，或少了一點鼻尖，這些部位就是永遠消失了。墨西哥鈍口螈就算失去了整條腿也不在乎，因為大約一個半月的時間，失去的部位就能重新生長回來，沒有任何一種哺乳類動物或鳥類具備這種能力。為了滿足我們的好奇心，以及了解這種現象應用在提升醫療效用上的潛力，我們很想知道這些可愛的小生物如何施展這種奇技，以及人類是不是能改造牠們的能力，用來提升人類再生醫學的進展，因為人口老化的問題，這個領域正受到高度關注。長久以來，人體有許多組織的演化速度跟不上我們現在的生活方式。醫學不會往讓人類肢體重新生長的方向前進，而是想辦法改善已經耗損的身體功能。面對咯咯作響的膝蓋、疼痛難忍的髖關節、發炎的指節，我們希望在不用動手術的前提下，或許能靠著促進疲勞的組織（如老舊的軟骨和骨骼）恢復活力，進而改善這些身體部位的功能。也許，墨西哥鈍口螈的再生天賦值得我們借鏡。

同樣地，藉由基因編輯領域的新技術，科學家可以讓墨西哥鈍口螈這樣的實驗系統發揮最好的效用。透過這些技術，想要改變墨西哥鈍口螈的ＤＮＡ，進而研究在再生過程中有哪些基因和程序扮演了重要角色，是一件很簡單的事。此外，墨西哥鈍口螈的卵體積很大，使得在墨西哥鈍口螈生命初始導入基因編輯試劑這件事變得非常容易。藉由這樣的方法，研究人員早已證明在他們選出的一群細胞裡，有個特別的基因，在墨西哥鈍口螈肢體重生長出新肌肉的過程中，扮演著至關重要的角色[5]。

沒有人期待這些實驗結果在短期內就能讓人類肢體徹底再生，這條路上要面對的障礙極大，複雜性極高，各位讀者在有生之年，可能都看不到這件事成真。電影《蜘蛛人》裡的柯提斯．康納斯博士——也就是蜥蜴人——的狀況不在任何真實的治療願景內*。

科學家已經利用基因改造的方法來探究墨西哥鈍口螈脊髓重生過程中，一些特定基因的重要性[6]，希望最後可以藉此詳細了解牠們如何修復重要組織，以及在這樣的過程中，有哪些程序是人體所缺乏的，或者哪些程序在人體的運作方式有所不同。利用這些

＊作者注：蜥蜴沒有肢體再生能力，但我猜「微笑的蠑螈」實在不足以充當大惡棍的稱號。

知識和相似的基因改造技術，來改變脊髓損傷患者神經細胞及相關組織的行為和活動，是完全有可能實現的事。在人類的脊柱中，僅僅幾公釐的間隙，就有可能造成終身癱瘓和殘障。想要在未來幾十年內彌合這樣的間隙，並不是什麼荒謬的想望。

當莎莉碰上莎莉，哈利碰上哈利

要製造一個新生兒，你需要一位男性提供精子，一位女性提供卵子，這是最基本的要求。至於發生的方式，可以透過傳統方法，或者找個能夠執行體外受精的診所，先在實驗室培養胚胎，再把胚胎植入女性的子宮。不管怎麼做，一定要有精子和卵子，這是當然。

「當然」是科學領域裡最容易引起交戰的詞彙之一。在某些時刻，在某個科學領域裡，當有人提出「為什麼」的質疑，通常會得到兩種可能的回應。第一種是「因為……」，這通常被認為是一種沒什麼幫助的回答方式。第二種是「我不知道，但我會去找出答案」，一般來說，這種回答有用多了，但通常只有少數人具備這樣的想像力，並找出方法實踐所言。

一九八〇年，阿齊姆．蘇拉尼在劍橋大學就是這麼做的。這個安靜，講話輕聲細語的男人，顛覆了我們對哺乳類動物生殖生物學的了解。當時，蘇拉尼教授想要知道的問題是，在哺乳類動物的生殖過程中，為什麼一定要有精子和卵子的參與？畢竟，從竹節蟲到科莫多龍，有許多其他動物的生殖都沒有這種絕對的屏障，在沒有異性參與的情況下，這些動物的雌性個體產生後代並沒有太大問題。那麼，哺乳類動物究竟有何特別之處？

蘇拉尼做的實驗既漂亮又優雅，以至於大家幾乎忘了那是多麼令人吃驚的實驗。他利用體外受精的技術，以小鼠而非人類為材料來進行實驗。基本上，他是這麼做的：他先取得小鼠的卵，然後移除了卵的細胞核，接著把另一個細胞核注入這種可謂空包彈的卵子裡。有些實驗組別，他注入的是兩個卵子的細胞核，有些則是注入兩個精子的細胞核。第三種實驗組別則是在無核的卵子裡，注入一個卵子的細胞核和一個精子的細胞核。然後，他開始培養這些經過人為處理的卵子。

在這三種實驗組別中，都發生了核融合的現象。一旦細胞核進入卵子，兩個精子細胞核或兩個卵子細胞核，都可以像精卵細胞核那樣有效融合。蘇拉尼教授把發育階段各不相同的胚胎植入雌鼠體內，每一隻雌鼠體內只會植入一種類型的胚胎。然後，他所做的就只是等待。雌鼠接受的如果是由精卵細胞核融合而成的胚胎，就可以生下健康的幼鼠。如果植入體內的胚胎是由兩個卵子核或兩個精子核融合而成，那這些雌鼠無法生下任何後代，蘇拉尼從這些雌鼠體內取出他當初植入的胚胎，發現胚胎是有某種程度的發育，但發育的狀況很混亂。

我們可能會覺得，這不是早就知道的事情嗎？要創造出一隻哺乳類動物，就是需要一顆卵子和一顆精子嘛！但這些實驗的設計過程裡包含一個驚人的細節，讓我們對這件事有更深入的了解。幾十年來，廣泛且嚴格受控的實驗鼠近親繁殖計畫，讓研究人員可以拿到遺傳背景完全相同的小鼠，蘇拉尼做實驗時正是利用了這一點。他所設計的三種實驗組別中使用了完全相同的小鼠品系。卵子細胞核的DNA和精子細胞核的DNA完全一樣，從遺傳背景的層面來看，這三種實驗組別完全沒有差異，但結果卻大相逕庭。

DNA還是命運唯一的仲裁者嗎？

蘇拉尼教授證明了哺乳類動物的生殖仰賴DNA以外的遺傳物質。他提出了初步的證據說明這個「額外的」遺傳物質是DNA上的一組化學添加物，也就是所謂的表觀遺傳修飾。在基因體的某些關鍵位置上，來自卵子或精子的DNA複本，會被不同的化學修飾所標記。在表觀遺傳修飾上取得正確的平衡至關重要，在蘇拉尼教授的實驗條件下，兩個卵子細胞核或兩個精子細胞核融合而成的胚胎，表觀遺傳修飾的平衡狀態都是錯誤的，而且對胚胎發育產生不利影響[7]。

在非哺乳類物種中，表觀遺傳修飾扮演的角色不同於哺乳類動物，這也是科莫多龍和其他能進行孤雌生殖的動物，之所以不需要精子也能繁殖的其中一個原因。不過，對所有包括人類在內的胎盤類哺乳動物而言，這些化學修飾非常重要，胎盤類哺乳動物的基因體內，約有一百個和表觀遺傳修飾相關的關鍵區域。

二〇一八年，北京的研究團隊利用最新的基因編輯技術，在小鼠身上突破了這樣的生殖障礙，引起媒體對這個領域的廣泛關注。他們在小鼠的基因體中移除了特定的區域，而這些區域通常攜帶著額外的表觀遺傳資訊。根據刪除的區域有所不同，他們得以創造出有兩個媽媽或兩個爸爸的活體幼鼠[8]。有兩個媽媽的幼鼠甚至能活到成年，並生下自己的後代，但有兩個爸爸的幼鼠則無法活到成年。

儘管這樣的結果令人震驚，但所用的方法卻相當生硬：研究人員用基因編輯的方式移除了基因體中相當大的區域，而這些區域通常攜帶著重要的表觀遺傳資訊，他們花了很大的功夫去研究，失去哪些含有大量遺傳與表觀遺傳資訊的區域，是基因體可以容忍的範圍。其實，有一種更從容的做法，那就是利用新型的基因編輯技術來改變表觀遺傳資訊，讓原本的DNA保持完整。雖然尚處於起步階段，但這個領域的研究已經有所進展，未來幾年，對於各種表觀遺傳修飾對基因體造成的確切影響，以及表觀遺傳修飾與環境之間的交互作用，我們的了解程度有機會大幅提升[9]。

這並不代表相似做法有可能應用在人類的體外受精，進而創造出有同性雙親的孩子。雖然在基因編輯的部分做法相對簡單直接，但其他相關的干預措施非常複雜，而且會需要使用非常特殊的細胞群。此外，這種做法所產生的胚胎，存活率相當低，要把這種做法應用在人類身上，會遭遇各式各樣有關安全性、有效性和道德倫理層面的屏障，在可預見的未來，這些問題不太可能得到解決。

第十章 名和利

出於各種原因，政府是願意投資科學研究的。其中最堂而皇之的原因就是，良好科學發展是人類偉大的文化成就，一如拉斐爾的畫作，或是珍．奧斯汀的小說。不過，政府願意出錢也是因為期待投資可以獲得報酬，希望賭這一場，可以帶來正面影響。這些影響可能以各種形式發生，舉幾個大規模的例子：透過公共衛生行動讓民眾變得更健康、改善糧食安全來促進全球穩定、提升再生能源的使用來減緩氣候變遷的腳步。

不過，政府也希望投注在科學研究上的資金，可以在經濟上獲得更明顯、更直接的成果。他們希望看到投資某些研究工作，可以直接導向商業性的成果，為學術機構創造現金，理想狀況下還能有公司因此成立，僱用高階技術人才，刺激經濟成長。

想要預測投資哪些研究可以帶來直接的經濟效益，是件很困難的事。就投資科學研究來獲得利潤而言，加州的史丹佛大學是全球最成功的學術機構之一。授權外人使用研究人員創造的智慧財產，是他們用來獲得商業收入的其中一項商業機制。基本上，這表示如果有公司取得授權，打算使用史丹佛大學研發的某項技術來賺錢，就得支付費用給史丹佛大學。不過，現實狀況是大部分對外授權的智慧財產，並沒有成為某項成功產品的基礎。史丹佛對外授權的技術，大約有七成只帶來微薄收入，或者沒有任何收入。在這形同由各種新技術組成的抽獎賽當中，要預測贏家真的很難。

不過，偶爾也會出現像基因編輯這樣顯然可以改變局面，而且有巨大經濟潛力的新技術。基因編輯受到相當廣泛的應用，從基礎研究到創造出有價值的動植物新品種，而且使用起來很容易。基因編輯勢必會引起強烈的商業興趣，這項技術問世僅僅幾年，已經有些公司因此賺了大錢。可惜的是，這些公司是法律事務所。

我們法院見

在專利資料庫大略搜尋一下，至少可以找到兩千份和基因編輯有關的專利文件，這些專利針對最初始的基因編輯技術做了廣泛的調整和改善。其中有兩項被視為是最重要的，也是在技術發展之初送出申請的專利，那時候，研究人員首次向世人展示如何使用基因編輯來改變任何基因序列。

這時候應該要來快速地回顧一下和基因編輯這項技術有關的重要人物。二〇一二年六月，珍妮佛．道納和伊曼紐．夏彭提耶發表了她們的研究成果，利用一種混合型的引導分子，證實她們開發的基因編輯系統並非僅局限於細菌體內，在試管裡也可以運作。兩位的雇主，也就是加州大學柏克萊分校和維也納大學，在二〇一二年五月送出專利申請，以保護兩人的研究成果。二〇一三年二月，任職於麻州劍橋布洛德研究所（哈佛大學和麻省理工學院的合作夥伴）的張鋒，也發表了在細胞核內執行基因編輯的研究成果，他的雇主則是在二〇一二年十二月送出專利申請。

一切看起來似乎很明瞭，道納和夏彭提耶發表在先，也率先送出專利申請。基本上，專利制度是一個領先者當選，勝者為王的系統。

如果事情真的這麼簡單明瞭就好了。

布洛德研究所付費讓美國專利局快速審查他們的申請，並在二〇一四年四月獲頒專利。那時，加州大學柏克萊分校和維也納大學早先前送出的申請還在系統程序裡闖關，美國專利局竟同意先行裁決布洛德研究所的申請案，許多旁觀者為此大吃一驚。原本，這兩件專利申請案本來可有得糾纏了，但美國專利局將專利頒發給後者。

道納和夏彭提耶所屬的大學大呼不公，但他們並非針對美國專利局加速審查對手的申請一事，而是針對布洛德研究所的專利有所謂的「顯而易見性」（obviousness，某一項發明不具有專利性的條件之一。如果該項發明可以由該技術領域的一般技術人員從公共訊息〔即現有技術〕中推演而得，則該發明即具有顯而易見性，從而不能獲得有效的專利權。）提出抗議。假設你創造了一種新型鎖頭，也送出了專利申請，申請內容包含鎖頭的設計方式，以及這種鎖頭適用範圍，包括屋門、公寓門、馬廄門和穀倉門。接著，有個人稍微調整了你的發明，做了些微修改，然後也送出將這種鎖頭應用於車庫門的專利申請。專利機構可能不會頒發專利給第二項申請，因為這種細微調整和稍作修改過的用途，顯然是原始發明的延伸應用。對任何製鎖和裝鎖的從業人員來說，這顯然是建立在原始發明之上的應用，任何人不應該因為修改了原始發明而獲得獎勵。

基本上，這就是加州大學柏克萊分校和維也納大學所採取的立場。他們認為，道納和夏彭提耶已經開發了這個技術所有關鍵步驟，張鋒只是加以應用並稍加拓展，並沒有任何特別可觀或有創意的貢獻。但美國專利審理暨訴願委員會不這麼認為，二〇一七年，他們裁定張鋒的研究成果有足夠的差異性和創新性，他的研究內容並未包含在道納和夏彭提耶原始的專利申請內容中[1]。二〇一八年九月，美國聯邦上訴法院維持原判[2]。

對加州大學柏克萊分校和維也納大學來說，這是一次重大挫敗。布洛德研究所基於張鋒的研究成果而獲得的專利，範圍涵蓋了在任何有細胞核的細胞中使用基因編輯技術，這包括所有動植物在內，而且是這項技術真正值錢的地方。

事情的複雜性並沒有隨著這項判決而平息。歐洲的專利機構做出不利於布洛德研究所的裁決，一部分是因為有關發明權的奇異爭端。布洛德研究所提出原本的專利申請時，其中一位共同發明人是來自羅徹斯特大學的盧西亞諾·馬拉菲尼。在後續的申請中，發明人名單中不再出現馬拉菲尼，這導致了兩個結果：一、羅徹斯特大學提出了自己的專利申請，這可能是為了對布洛德研究所施加壓力，要求分享這份專利帶來的經濟收益（最後兩者在庭外和解）。二、歐洲專利局對發明人名單有所變動這件事抱持反對態度，因此判定這代表原本的申請日期不再有效[3]。布洛德研究所提出後續的專利申請時，相關領域有許多已經發表的公開基礎研究，根據歐洲的法律，已經進入公有領域的知識財產，不能用來申請專利。

所以，現在的情況可謂錯綜複雜。生物學界出現一項最具變革性的發展，這項發展的基石就是那珍貴的智慧財產，而這項智慧財產的所有人是誰，卻會因為你所在的國家不同而有不同答案。未來很長一段時間內，這會在商場上製造出非常混亂又令人困惑的局面。

基因編輯技術在二〇一二年才問世，我們怎麼會對它的商業價值如此有信心？從兩個明顯的跡象中可以看出端倪，一是涉入其中的關鍵各方為了爭奪基礎專利，已經投入數千萬美元。另一個跡象則是，開發基因編輯商業用途的主要公司，已經獲得數十億美元的資金挹注。

有關財富

在基因編輯領域，名聲最響亮的無疑就是道納、夏彭提耶和張鋒。三人曾討論過以各種合作方式共同創建公司，但都沒能走得長久。無法合作的原因為何，三位科學家則是保持相當謹慎的態度，沒有透露太多。現在，他們各自積極投入自己幫忙創立的基因編輯公司，這三間公司也是基因編輯領域裡最大的公司。道納是 Caribou Biosciences 的共同創辦人，公司總部位於加州柏克萊。夏彭提耶是 CRISPR Therapeutics 的共同創辦人，這間公司主要的研究地點在麻州劍橋，但營運總部則是位於瑞士。張鋒則是創立了 Editas Medicine，公司的根據地也是麻州劍橋。

這些公司資金雄厚，價值不菲。Caribou Biosciences 仍是私人投資者所有，其他兩間公司都已在美國證券交易所上市。Editas Medicine 目前市值約十二億美元，CRISPR Therapeutics 則是二十六億美元。除了研究用試劑之外，這些公司實際上還沒有販售過任何產品，想到這一點，不禁覺得它們的市值實在驚人。

這些公司不只有基因編輯領域的卓越先進掛帥，同時還可以使用這些科學家的智慧財產，包括那些涵蓋在專利爭議範圍內的發現（以及後續專利申請內容）。對於布洛德研究所申請的重要專利，Editas Medicine 有授權的權利，而且布洛德研究所爭奪專利權所需的訴訟費用，是由 Editas Medicine 支付，目前為止已經付出將近一千五百萬美元[4]。道納成立的 Caribou Biosciences 公司已支付加州大學柏克萊分校五百萬美元左右，補償該校的興訟費用。

專利訴訟的花費之所以這麼高，是因為這是一筆大賭注。世界上每一間想利用基因編輯來製造商業產品的公司，可能都要支付權利金給基礎專利的擁有者。權利金的金額可能會根據產品最終的銷售額來訂定，就全球而言，可能在數十億美元之譜。這三間在基因編輯領域占據領先地位的公司，也需要捍衛自己的權利，在無須支付權利金給其他公司的前提下，創造自己的產品。因此，他們不僅要保護自己現在的地位，還需要開發新的進展以便領先對手。

以 Editas Medicine 和布洛德研究所近期的一項交易為例，Editas Medicine 承諾提供一億兩千五百萬美元的研究經費給布洛德研究所，條件是獲得該所基因編輯領域新發明的優先承購權[5]。資助科學家做研究，你既不能控制科學家的研究方向，也無法保證科學家會有怎樣的研究成果，這麼說來，一億兩千五百萬美元真是一筆鉅款。但我們可以肯定的是，未來一定還會有類似這樣的交易出現。

有關名聲

專利是涵蓋在法律範圍內的法律文件，但仍需要有人對專利加以解釋，像是定義一項新的申請是否真的是一項與眾不同的創新發明。不過，說到專利，有些層面是非常清楚明瞭的，好比誰先提出申請這件事就非常容易判斷，而且大多數的相關機構會依據申請日期的先後來判斷該保護誰的智慧財產。如果兩位各自獨立的發明人提出了內容非常相似的專利申請，那麼先送出申請的人會受到保護，即使只早了一天也一樣。這樣的裁決扮演至關重要的角色，也決定了誰能夠從這項發明中賺錢。

不過，錢不是唯一重點。沒有人說科學家不愛錢，但錢通常不是科學家的主要動機，這可能是因為，能夠從研究成果中賺錢（除了薪水之外）的科學家實在寥寥可數。對科學家來說，新發現帶來的成就感以及同儕的認可，才是更重要的事情。面對一個進展飛快的領域，旁觀者很難判斷相關發現的確切先後順序，以及誰的研究成果是根據誰的研究成果衍生而來。一開始，當基因編輯領域的焦點著重在細菌防禦系統的相關基礎科學時，進展很慢；後來，當有興趣改變基因體的研究人員意識到這項技術的可能性時，進展便迅速加快。

《細胞》之所以決定找人來寫一篇有關這項變革技術的回顧文章，可能是為了闡明基因編輯的故事脈絡。在生物科學界，《細胞》是位居全球領先地位的期刊。大多數時候，《細胞》刊出的文章都是具有高度創新性質，而且相當重要的新研究，但有時候也會刊登重要的回顧性文章。說到《細胞》自動接下這份責任，打算發表一篇著眼於基因編輯廣泛歷史的回顧文章，沒有人會感到驚訝。如果《細胞》想找一位文風出色的知名科學家來寫這篇文章，也沒有人會感到奇怪。但是，《細胞》找來的人是布洛德研究所的創所所長，這就讓眾人跌破眼鏡了。你沒看錯，就是布洛德研究所，基因編輯專利爭議的主角之一。

這篇文章的作者是艾瑞克・蘭德，在遺傳學領域，他有輝煌的科學紀錄，而且寫作風格既優美又平易近人。但是，寫下這篇名為〈CRISPR 英雄〉[6]的文章之後，他不可能毫髮無傷地全身而退。一位旁觀者將蘭德比喻為希臘悲劇裡的角色：「只有他能傷害他自己，別人的劍傷不了他。」這話出自丘奇教授之口，他是基因編輯領域的先驅，同時也是蘭德在布洛德研究所的同事[7]。

蘭德這篇文章引發許多人的憂慮與不安。一般認為，這篇文章的目的是淡化道納和夏彭提耶所扮演的角色，把張鋒放在基因編輯技術發展過程的中心位置。因為丘奇是這麼評論的：「通常，對於這些錯誤我是不會吹毛求疵的。但當我發現對於參與其中的年輕人、實際從事研究工作的人員，還有道納和夏彭提耶，他們（指蘭德和《細胞》）沒有給予適當的讚揚時，我告訴自己『我要跳出來糾正不對的事情』[8]。」

維爾吉尼尤斯・希克什尼斯來自維爾紐斯大學，他研究的基因編輯方法，跟道納和夏彭提耶是同類型的方法。蘭德花了很多時間了解希克什尼斯的研究工作。二〇一二年四月，希克什尼斯準備發表研究成果，但他的投稿遭到《細胞》回絕，最後，他把文章修改得精簡一點，於同年九月發表在另一份期刊上。道納和夏彭提耶則是投稿至另一份領先全球的期刊——《科學》，她們在二〇一二年六月八日投稿，文章在六月二十八日刊出。根據蘭德那篇回顧文章，讀者可能會認為，道納和夏彭提耶之所以獲得優勢，是因為她們在投稿選擇上技高一籌，但我們並不知道希克什尼斯投稿為何遭到拒絕，而道納和夏彭提耶發表在《科學》期刊上的那篇論文，可能就是比較有說服力罷了。

在我動手寫這本書的同時，在與加州大學柏克萊分校和維也納大學的專利爭奪戰中，布諾德研究所勝出。但是，在比起法律而言沒這麼嚴肅的科學領域，情況正好相反。在同儕審查制度中，道納和夏彭提耶得到的評分領先張鋒，二〇一八年，她們和希克什尼斯共同分享了科維理獎的一百萬美元獎金[9]。二〇一五年，這兩位女性都獲頒生命科學突破獎[10]，也在同年獲得格魯伯遺傳學獎[11]。張鋒也沒有被人遺忘，二〇一六年，張鋒、道納和夏彭提耶共同獲得蓋爾德納獎[12]，三人還共同獲得了其他獎項。

那個「最大獎」呢？在基因編輯領域耕耘的科學家，肯定會奪下諾貝爾獎，這只是遲早的問題。就單一項突破性發展而言，諾貝爾獎獲獎者最多三人，道納和夏彭提耶無疑是最受歡迎的人選，如果還有第三人，那會是誰呢？是張鋒還是希克什尼斯？還是另有其人？現在頒獎給他們不算太早。山中伸彌在二〇〇六年發表的研究成果，使他在二〇一二年獲頒諾貝爾醫學獎[13]。不過，諾貝爾獎委員會用一種既奇特又不公開的方式運作，他們可以等上好幾十年，看看委員之間是否會出現共識，他們也可以等到只剩下三位主要人物在世時才頒獎，因為諾貝爾獎從來沒有追封的傳統。不過，如果你打算花錢下注賭誰會贏得諾貝爾獎，道納和夏彭提耶是值得投注的對象。

接下來呢？

基因編輯這場革命正在創造出一種技術工具箱，幾乎任何一位不錯的科學家都能憑藉這個工具箱，從中找出有用的工具來做研究。一方面，我們應該為此感到相當興奮，因為這讓我們既可以解決問題，又可以盡情放縱好奇心。但我們是否也應該為此感到擔憂？利用鑿子和木槌，米開朗基羅創造出一些前所未見的精美雕塑品，但是把同樣沉重又尖銳的工具交到別人手上，有可能產生完全不同且更為血腥的結果。

有些評論家早已提出基因編輯可能的邪惡用途，像是罪犯會利用基因編輯來改變DNA，使自己不再符合警方在犯罪現場蒐集到的跡證。這麼說實在有點牽強，而且這種做法也不太可能奏效。但這並不表示基因編輯不會被拿來做壞事。利用基因編輯把益菌變成對人類或家畜有高度危險性的細菌並不難，這些經過改造的細菌可能會被當成生物戰製劑來使用，或者被不肖分子拿來勒索脆弱的企業或政府。

但是，同樣的技術也可以用來減輕人類的痛苦，如果我們夠聰明，還可以藉此減輕我們這種快速增長的物種對地球造成的影響，畢竟就目前已知，地球是整個宇宙中唯一一個可以支應複雜生命型態存在的星球。我們無法抹去這個技術已經被發明的事實，甚至，我們恐怕也無法控制它的拓展。那麼，除了擁抱它，好好地利用它來打造一個更安全，更平等的世界之外，我們還有什麼選擇呢？

注釋

前言

1. Cyranoski, D., Ledford, H. 'Genome-edited baby claim provokes international outcry'. *Nature* (Novermber 2018); 563(7733):607-608.

2. https://www.nature.com/articles/d41586-018-07607-3

3. https://www.sciencemag.org/news/2018/12/after-last-weeks-shock-scientists-scramble-prevent-more-gene-edited-babies?utm_campaign=news_weekly_2018-12-07&et_rid=49203399&et_cid=2534785

第一章　早期發展

1. http://journals.plos.org/plosgenetics/article?id=10.1371/ journal.pgen.1000653
2. http://journals.plos.org/plosgenetics/article?id=10.1371/ journal.pgen.1000653
3. https://ghr.nlm.nih.gov/primer/genomicresearch/snp
4. https://www.amnh.org/exhibitions/permanent-exhibitions/human-origins-and-cultural-halls/anne-and-bernard-spitzer-hall-of-human-origins/understanding-our-past/dna-comparing-humans-and-chimps/
5. http://www.genomenewsnetwork.org/resources/sequenced_genomes/genome_guide_p1.shtml
6. Davidson, B.L., Tarle, S.A., Palella, T.D., Kelley, W.N. 'Molecular basis of hypoxanthine-guanine phosphoribosyltransferase deficiency in 10 subjects determined by direct sequencing of amplified transcripts'. *J. Clin. Invest.* (1989); 84: 342–346.
7. https://www.omim.org/entry/300322?search=lesch-nyhan%20 mutation&highlight=

leschnyhan%20lesch%20nyhan%20 mutation#40

第二章　打造破解生命密碼的工具箱

1. https://www.cancerresearchuk.org/health-professional/cancer statistics/worldwide-cancer
2. Adamson, G.D., Tabangin, M., Macaluso, M., Mouzon, J. de. 'The number of babies born globally after treatment with the assisted reproductive technologies (ART)'. *Fertility and Sterility* (2013); 100(3): S42.
3. Mojica, F.J.M., Díez-Villaseñor, C., Soria, E., and Juez, G. 'Biological significance of a family of regularly spaced repeats in the genomes of Archaea, Bacteria and mitochondria'. *Mol. Microbiol.* (2000); 36: 244–246.
4. 欲了解莫西卡早期的孤獨研究工作，請見 Mojica F.J.M., Garrett R.A. 'Discovery and Seminal Developments in the CRISPR Field' . In: Barrangou R., Van Der Oost J. (eds). *CRISPR-Cas Systems* (2013); Springer, Berlin, Heidelberg.

5. Mojica, F.J., Díez-Villaseñor, C., García-Martínez, J. et al. *J. Mol. Evol.* (2005); 60: 174. https://doi.org/10.1007/ s00239-004-0046-3
6. 可參考這篇有趣但相當不公正的回顧文章：Lander, E.S. 'The Heroes of CRISPR'. *Cell* (14 January 2016); 164(1–2): 18–28.
7. Rodolphe Barrangou, Christophe Fremaux, Hélène Deveau, Melissa Richards, Patrick Boyaval, Sylvain Moineau, Dennis A. Romero, Philippe Horvath. 'CRISPR Provides Acquired Resistance Against Viruses in Prokaryotes'. *Science* (23 March 2007); 1709–1712.
8. Stan J.J. Brouns, Matthijs M. Jore, Magnus Lundgren, Edze R. Westra, Rik J.H. Slijkhuis, Ambrosius P.L. Snijders, Mark J. Dickman, Kira S. Makarova, Eugene V. Koonin, John Van Der Oost. 'Small CRISPR RNAs Guide Antiviral Defense in Prokaryotes'. *Science* (15 August 2008); 960–964.
9. Marraffini, L.A., and Sontheimer, E.J. 'CRISPR interference limits horizontal gene transfer

in staphylococci by targeting DNA'. *Science* (2008); 322: 1843–1845.

10. Martin Jinek, Krzysztof Chylinski, Ines Fonfara, Michael Hauer, Jennifer A. Doudna, Emmanuelle Charpentier. 'A Programmable Dual-RNA–Guided DNA Endonuclease in Adaptive Bacterial Immunity'. *Science* (17 August 2012): 816–821.

11. Le Cong, F. Ann Ran, David Cox, Shuailiang Lin, Robert Barretto, Naomi Habib, Patrick D. Hsu, Xuebing Wu, Wenyan Jiang, Luciano A. Marraffini, Feng Zhang. 'Multiplex Genome Engineering Using CRISPR/Cas Systems'. *Science* (15 February 2013); 819–823.

第三章　餵飽這個世界

1. 有關全球人口的可怕更新數字，請造訪以下網站：http://www.worldometers.info/world-population/
2. https://esa.un.org/unpd/wpp/
3. https://www.cia.gov/library/publications/the-world-factbook/ geos/xx.html

4. http://data.un.org/Data.aspx?q=world+population&d=PopDiv&f=variableID%3A53%3BcrlD%3A900
5. http://data.un.org/Data.aspx?d=PopDiv&f=variableID%3A65
6. https://www.cia.gov/library/publications/the-world-factbook/ geos/xx.html
7. https://www.ons.gov.uk/peoplepopulationandcommunity/ birthsdeathsandmarriages/lifeexpectancies/bulletins/national lifetablesunitedkingdom/2014to2016
8. https://www.ons.gov.uk/peoplepopulationandcommunity/ birthsdeathsandmarriages/lifeexpectancies/articles/ howhaslifeexpectancychangedovertime/2015-09-09
9. http://www.fao.org/docrep/005/y4252e/y4252e05b.htm
10. House of Commons briefing paper 3336 on Obesity Statistics, 20 March 2018.
11. https://www.niddk.nih.gov/health-information/health-statistics/overweight-obesity
12. http://www.fao.org/save-food/resources/keyfindings/en/
13. Feng, Z., Zhang, B., Ding, W., Liu, X., Yang, D.L., Wei, P., et al. 'Efficient genome editing

in plants using a CRISPR/Cas system'. *Cell Res.* (2013); 23: 1229–1232.

14. Li, J., Norville, J.E., Aach, J., McCormack, M., Zhang, D., Bush, J., et al. 'Multiplex and homologous recombination-mediated genome editing in Arabidopsis and Nicotiana benthamiana using guide RNA and Cas9'. *Nat. Biotechnol.* (2013); 31: 688–691.

15. Xie, K., and Yang, Y. 'RNA-guided genome editing in plants using a CRISPR/Cas system'. *Mol. Plant* (2013); 6: 1975–1983.

16. Gil, L., et al. 'Phylogeography: English elm is a 2,000-year-old Roman clone'. *Nature* (28 October 2004); 431: 1053.

17. Waltz, E. 'Gene-edited CRISPR mushroom escapes US regulation'. *Nature* (21 April 2016); 532: 293.

18. Sánchez-León, S., Gil-Humanes, J., Ozuna, C.V., Giménez, M.J., Sousa, C., Voytas, D.F., Barro, F. 'Low-gluten, nontransgenic wheat engineered with CRISPR/Cas9'. *Plant Biotechnol. J.* (April 2018); 16(4): 902–910.

19. Denby, C.M., Li, R.A., Vu, V.T., Costello, Z., Lin, W., Chan, L.J.G., Williams, J., Donaldson, B., Bamforth, C.W., Petzold, C.J., Scheller, H.V., Martin, H.G., Keasling, J.D. 'Industrial brewing yeast engineered for the production of primary flavor determinants in hopped beer'. *Nat. Commun.* (20 Mar 2018); 9(1): 965.

20. http://ricepedia.org/rice-as-food/the-global-staple-rice-consumers

21. Miao, C., Xiao, L., Hua, K., Zou, C., Zhao, Y., Bressan, R.A., Zhu, J.K. 'Mutations in a subfamily of abscisic acid receptor genes promote rice growth and productivity'. *Proc. Natl. Acad. Sci. USA* (5 June 2018); 115(23): 6058–6063.

22. Shrivastava, P., Kumar, R. 'Soil salinity: A serious environmental issue and plant growth promoting bacteria as one of the tools for its alleviation'. *Saudi J. Biol. Sci.* (March 2015); 22(2): 123–31.

23. http://www.un.org/en/events/desertification_decade/whynow.shtml

第四章　編輯動物

1. Burkard, C., Lillico, S.G., Reid, E., Jackson, B., Mileham, A.J., et al. 'Precision engineering for PRRSV resistance in pigs: Macrophages from genome edited pigs lacking CD163 SRCR5 domain are fully resistant to both PRRSV genotypes while maintaining biological function'. *PLOS Pathogens* (2017); 13(2): e1006206.
2. Helena Devlin. 'Scientists on brink of overcoming livestock diseases through gene editing'. *The Guardian* (17 March 2018).
3. Gao, Y., Wu, H., Wang, Y., Liu, X., Chen, L., Li, Q., Cui, C., Liu, X., Zhang, J., Zhang, Y. 'Single Cas9 nickase induced generation of NRAMP1 knocking cattle with reduced off-target effects'. *Genome Biol.* (1 February 2017); 18(1): 13.
4. Zheng, Q., Lin, J., Huang, J., Zhang, H., Zhang, R., Zhang, X., Cao, C., Hambly, C., Qin, G., Yao, J., Song, R., Jia, Q., Wang, X., Li, Y., Zhang, N., Piao, Z., Ye, R., Speakman, J.R., Wang, H., Zhou, Q., Wang, Y., Jin, W., Zhao, J. 'Reconstitution of UCP1 using CRISPR/

Cas9 in the white adipose tissue of pigs decreases fat deposition and improves thermogenic capacity'. *Proc. Natl. Acad. Sci. USA* (7 November 2017); 114(45): E9474–E9482.

5. 一篇相當有用的回顧文章，請見：Lamas-Toranzo, I., Guerrero-Sánchez, J., Miralles-Bover, H., Alegre-Cid, G., Pericuesta, E., Bermejo-Álvarez, P. 'CRISPR is knocking on barn door'. *Reprod. Domest. Anim.* (October 2017); 52, Suppl 4: 39–47.
6. Lv, Q., Yuan, L., Deng, J., Chen, M., Wang, Y., Zeng, J., Li, Z., Lai, L. 'Efficient Generation of Myostatin Gene Mutated Rabbit by CRISPR/Cas9'. *Sci. Rep.* (26 April 2016); 6: 25029.
7. Crispo, M., Mulet, A.P., Tesson, L., Barrera, N., Cuadro, F., dos Santos-Neto, P.C., Nguyen, T.H., Crénéguy, A., Brusselle, L., Anegón, I., Menchaca, A. 'Efficient Generation of Myostatin Knock-Out Sheep Using CRISPR/Cas9 Technology and Microinjection into Zygotes'. *PLoS One* (25 August 2015); 10(8): e0136690.
8. Wang, X., Yu, H., Lei, A., Zhou, J., Zeng, W., Zhu, H., Dong, Z., Niu, Y., Shi, B., Cai, B., Liu, J., Huang, S., Yan, H., Zhao, X., Zhou, G., He, X., Chen, X., Yang, Y., Jiang, Y., Shi, L.,

Tian, X., Wang, Y., Ma, B., Huang, X., Qu, L., Chen, Y. 'Generation of gene-modified goats targeting MSTN and FGF5 via zygote injection of CRISPR/Cas9 system'. *Sci. Rep.* (10 September 2015); 5: 13878.

9. Marc Heller. 'US agencies clash over who should regulate genetically engineered livestock'. *E&E News* (19 April 2018).

10. Lev, E. 'Traditional healing with animals (zootherapy): medieval to present-day Levantine practice'. *J. Ethnopharmacol* (2003); 85: 107–118.

11. https://www.grandviewresearch.com/press-release/global-biologics-market

12. https://www.cjd.ed.ac.uk/sites/default/files/cjdq72.pdf

13. https://www.haea.org/HAEdisease.php

14. https://www.ruconest.com/about-ruconest/

15. Oishi, I., Yoshii, K., Miyahara, D., Tagami, T. 'Efficient production of human interferon beta in the white of eggs from ovalbumin gene-targeted hens'. *Sci. Rep.* (5 July 2018); 8(1).

16. https://www.hra.nhs.uk/planning-and-improving-research/ application-summaries/research-summaries/resource-use-associated-with-managing-lysosomal-acid-lipase-deficiency/
17. https://unos.org/data/
18. Yang, L., Güell, M., Niu, D., George, H., Lesha, E., Grishin, D., Aach, J., Shrock, E., Xu, W., Poci, J., Cortazio, R., Wilkinson, R.A., Fishman, J.A., Church, G. 'Genome-wide inactivation of porcine endogenous retroviruses (PERVs)'. *Science* (27 November 2015); 350(6264): 1101–1104.
19. Niu, D., Wei, H.J., Lin, L., George, H., Wang, T., Lee, I.H., Zhao, H.Y., Wang, Y., Kan, Y., Shrock, E., Lesha, E., Wang, G., Luo, Y., Qing, Y., Jiao, D., Zhao, H., Zhou, X., Wang, S., Wei, H., Güell, M., Church, G.M., Yang, L. 'Inactivation of porcine endogenous retrovirus in pigs using CRISPR-Cas9'. *Science* (22 September 2017); 357(6357): 1303–1307.
20. http://www.frontlinegenomics.com/news/19625/pig-organs-future-transplants/

第五章 編輯人類

1. https://www.buzzfeednews.com/article/stephaniemlee/this-biohacker-wants-to-edit-his-own-dna
2. https://www.insidescience.org/news/Alzheimer%27s-Drug-Trials-Keep-Failing
3. http://www.who.int/bulletin/volumes/86/6/06-036673/en/
4. For a historical overview from the person who led this research, see: https://iubmb.onlinelibrary.wiley.com/doi/full/10.1002/ bmb.2002.494030050108
5. https://www.cdc.gov/ncbddd/sicklecell/data.html
6. http://www.ema.europa.eu/ema/index.jsp?curl=pages/ medicines/human/orphans/2011/03/human_orphan_000889.jsp&mid=WC0b01ac058001d12b
7. EudraCT Number: 2017-003351-38.
8. http://ir.crisprtx.com/news-releases/news-release-details/crispr-therapeutics-and-vertex-provide-update-fda-review

9. https://nypost.com/2018/02/06/scientists-see-positive-results-from-1st-ever-gene-editing-therapy/

10. http://ir.editasmedicine.com/phoenix.zhtml?c=254265&p=irol-newsArticle&ID=2273032

11. https://www.wsj.com/articles/china-unhampered-by-rules-races-ahead-in-gene-editing-trials-1516562360

第六章　安全第一

1. https://www.cdc.gov/vaccinesafety/concerns/history/narcolepsy-flu.html

2. Schaefer, K.A., Wu, W.H., Colgan, D.F., Tsang, S.H., Bassuk, A.G., Mahajan, V.B. 'Unexpected mutations after CRISPR-Cas9 editing in vivo'. *Nat. Methods* (30 May 2017); 14(6): 547–548.

3. https://www.biorxiv.org/content/early/2017/07/05/159707

4. https://medium.com/@GaetanBurgio/should-we-be-worried-about-crispr-cas9-off-target-

effects-57dafaf0bd53

5. Murray, Noreen et al. 'Review of data on possible toxicity of GM potatoes'. *The Royal Society* (1 June 1999).

6. Ewen, S.W., Pusztai, A. 'Effect of diets containing genetically modified potatoes expressing Galanthus nivalis lectin on rat small intestine'. *Lancet* (16 October 1999); 354(9187): 1353–1354.

7. Wakefield, A.J., Murch, S.H., Anthony, A., Linnell, J., Casson, D.M., Malik, M., Berelowitz, M., Dhillon, A.P., Thomson, M.A., Harvey, P., Valentine, A., Davies, S.E., Walker-Smith, J.A. 'Ileal-lymphoid-nodular hyperplasia, non-specific colitis, and pervasive developmental disorder in children'. *Lancet* (28 February 1998); 351(9103): 637–641.

8. http://www.who.int/vaccine_safety/committee/topics/mmr/ mmr_autism/en/

9. https://www.bbc.co.uk/news/health-43125242

10. Ihry, R.J., Worringer, K.A., Salick, M.R., Frias, E., Ho, D., Theriault, K., Kommineni, S.,

Chen, J., Sondey, M., Ye, C., Randhawa, R., Kulkarni, T., Yang, Z., McAllister, G., Russ, C., Reece-Hoyes, J., Forrester, W., Hoffman, G.R., Dolmetsch, R., Kaykas, A. 'p53 inhibits CRISPR-Cas9 engineering in human pluripotent stem cells'. *Nat. Med.* (July 2018); 24(7): 939–946.

11. Haapaniemi, E., Botla, S., Persson, J., Schmierer, B., Taipale, J. 'CRISPR-Cas9 genome editing induces a p53-mediated DNA damage response'. *Nat. Med.* (July 2018); 24(7): 927–930.

12. https://www.cnbc.com/2018/06/11/crispr-stocks-tank-after-research-showsedited-cells-might-cause-cancer.html

13. Maude, S.L., Frey, N., Shaw, P.A., et al. 'Chimeric Antigen Receptor T Cells for Sustained Remissions in Leukemia'. *The New England Journal of Medicine* (2014); 371(16): 1507–1517.

14. https://www.genengnews.com/gen-news-highlights/mustang-bio-launches-crisprcas9-car-t-

collaborations-with-harvard-bidmc/81255233

15. Hirsch, T., Rothoeft, T., Teig, N., Bauer, J.W., Pellegrini, G., De Rosa, L., Scaglione, D., Reichelt, J., Klausegger, A., Kneisz, D., Romano, O., Secone Seconetti, A., Contin, R., Enzo, E., Jurman, I., Carulli, S., Jacobsen, F., Luecke, T., Lehnhardt, M., Fischer, M., Kueckelhaus, M., Quaglino, D., Morgante, M., Bicciato, S., Bondanza, S., De Luca, M. 'Regeneration of the entire human epidermis using transgenic stem cells'. *Nature* (16 November 2017); 551(7680): 327–332.

16. Liao, H.K., Hatanaka, F., Araoka, T., Reddy, P., Wu, M.Z., Sui, Y., Yamauchi, T., Sakurai, M., O'Keefe, D.D., Núñez-Delicado, E., Guillen, P., Campistol, J.M., Wu, C.J., Lu, L.F., Esteban, C.R., Izpisua Belmonte, J.C. 'In Vivo Target Gene Activation via CRISPR/Cas9-Mediated Trans-epigenetic Modulation'. *Cell* (14 December 2017); 171(7): 1495–1507.

17. Lee, K., Conboy, M., Park, H.M., Jiang, F., Kim, H.J., Dewitt, M.A., Mackley, V.A., Chang, K., Rao,. A., Skinner, C., Shobha, T., Mehdipour, M., Liu, H., Huang, W.C., Lan, F., Bray,

N.L., Li, S., Corn, J.E., Kataoka, K., Doudna, J.A., Conboy, I., Murthy, N.'Nanoparticle delivery of Cas9 ribonucleoprotein and donor DNA in vivo induces homology-directed DNA repair'. *Nat. Biomed. Eng.* (2017); 1: 889–901.

18. Dabrowska, M., Juzwa, W., Krzyzosiak, W.J., Olejniczak, M. 'Precise Excision of the CAG Tract from the Huntington Gene by Cas9 Nickases'. *Front. Neurosci.* (26 February 2018); 12: 75.

19. King, A. 'A CRISPR edit for heart disease'. *Nature* (8 March 2018); 555(7695): S23–S25.

第七章　永遠改變基因體

1. https://www.nhs.uk/conditions/pregnancy-and-baby/newborn-blood-spot-test/

2. https://www.25doctors.com/learn/how-much-sperm-does-a-man-produce-in-a-day

3. 二〇一八年七月由納菲爾德生物倫理委員會（Nuffield Council on Bioethics）發表的報告：'Genome editing and human reproduction'，對本章而言非常重要。

4. https://ghr.nlm.nih.gov/condition/leigh-syndrome#inheritance
5. https://www.newscientist.com/article/2107219-exclusive-worlds-first-baby-born-with-new-3-parent-technique/
6. https://www.newscientist.com/article/2160120-first-uk-three-parent-babies-could-be-born-this-year/
7. 'Genome editing and human reproduction'. *Nuffield Council on Bioethics* (July 2018).
8. https://www.medicinenet.com/script/main/art.asp?articlekey=22414
9. 'Genome editing and human reproduction'. *Nuffield Council on Bioethics* (July 2018).
10. https://www.gov.uk/definition-of-disability-under-equality-act-2010
11. https://www.american-hearing.org/understanding-hearing-balance/
12. https://www.k-international.com/blog/different-types-of-sign-language-around-the-world/
13. https://www.theguardian.com/world/2002/apr/08/ davidteather

第八章　人類仍應擁有萬物的統治權嗎？

1. 參考欽定版《聖經・創世紀》第一章第二十六節：「上帝說：『我們要照著我們的形像、按著我們的樣式造人，使他們管理海裡的魚、空中的鳥、地上的牲畜，和全地，並地上所爬的一切爬物』。」
2. https://www.theguardian.com/environment/2015/sep/26/snakebites-kill-hundreds-of-thousands-worldwide
3. https://www.gatesnotes.com/Health/Most-Lethal-Animal-Mosquito-Week
4. http://www.who.int/en/news-room/fact-sheets/detail/malaria
5. http://www.mosquitoworld.net/when-mosquitoes-bite/diseases/
6. https://www.oxitec.com/friendly-mosquitoes/
7. Kyrou, K., Hammond, A.M., Galizi, R., Kranjc, N., Burt, A., Beaghton, A.K., Nolan, T., Crisanti, A. 'A CRISPR-Cas9 gene drive targeting doublesex causes complete population suppression in caged Anopheles gambiae mosquitoes'. *Nat. Biotechnol.* (24 September

2018); doi: 10.1038/nbt.4245.

8. https://www.efsa.europa.eu/en/press/news/180228
9. http://www.invasivespeciesinitiative.com/cane-toad/
10. http://biology.anu.edu.au/successful-example-biological-control-and-its-explanation
11. https://biocontrol.entomology.cornell.edu/success.php
12. http://www.bats.org.uk/pages/why_bats_matter.html
13. https://www.telegraph.co.uk/news/2018/03/02/remote-scottish-islands-declared-rat-free-rodents-lured-captivity/
14. https://www.smithsonianmag.com/smart-news/after-worlds-largest-rodent-eradication-effort-island-officially-rodent-free-180969039/
15. https://www.biorxiv.org/content/biorxiv/early/2018/07/07/ 362558.full.pdf
16. https://www.doc.govt.nz/nature/pests-and-threats/predator-free-2050/
17. Loss, S.R., Will, T., Marra, P.P. 'The impact of free-ranging domestic cats on wildlife of the

United States'. *Nat. Commun.* (2013); 4: 1396.

第九章　問題任君挑選

1. Zhang, L., Mazo-Vargas, A., Reed, R.D. 'Single master regulatory gene coordinates the evolution and development of butterfly color and iridescence'. *Proc. Natl. Acad. Sci. USA* (3 October 2017); 114(40): 10707–10712.
2. Mazo-Vargas, A., Concha, C., Livraghi, L., Massardo, D., Wallbank, R.W.R., Zhang, L., Papador, J.D., Martinez-Najera, D., Jiggins, C.D., Kronforst, M.R., Breuker, C.J., Reed, R.D., Patel, N.H., McMillan, W.O., Martin, A. 'Macroevolutionary shifts of WntA function potentiate butterfly wing-pattern diversity'. *Proc. Natl. Acad. Sci. USA* (3 October 2017); 114(40): 10701–10706.
3. Nicholas Wade. 'Genes colour a butterfly's wings. Now scientists want to do it themselves'. *The New York Times* (18 September 2017).

4. Nicholas Wade. 'Genes colour a butterfly's wings. Now scientists want to do it themselves'. *The New York Times* (18 September 2017).
5. Fei, J.F., Schuez, M., Knapp, D., Taniguchi, Y., Drechsel, D.N., Tanaka, E.M. 'Efficient gene knockin in axolotl and its use to test the role of satellite cells in limb regeneration'. *Proc. Natl. Acad. Sci. USA* (21 November 2017); 114(47): 12501–12506.
6. Fei, J.F., Knapp, D., Schuez, M., Murawala, P., Zou, Y., Pal Singh, S., Drechsel, D., Tanaka, E.M. 'Tissue- and time-directed electroporation of CAS9 protein-gRNA complexes in vivo yields efficient multigene knockout for studying gene function in regeneration'. *NPJ Regen. Med.* (9 June 2016); 1: 16002.
7. 欲詳細了解阿齊姆．蘇拉尼的研究工作，以及和表觀遺傳修飾有關的更多細節，在此厚顏地強烈推薦我個人的著作《表觀遺傳大革命》，初版由Icon出版社於二〇一一年發行，至今仍然暢銷。
8. Li, Z.K., Wang, L.Y., Wang, L.B., Feng, G.H., Yuan, X.W., Liu, C., Xu, K., Li, Y.H., Wan,

H.F., Zhang, Y., Li, Y.F., Li, X., Li, W., Zhou, Q., Hu, B.Y. 'Generation of Bimaternal and Bipaternal Mice from Hypomethylated Haploid ESCs with Imprinting Region Deletions'. *Cell Stem Cell* (9 October 2018); pii: S1934– 5909(18): 30441–7.

9. Liu, X.S., Wu, H., Ji, X., Stelzer, Y., Wu, X., Czauderna, S., Shu, J., Dadon, D., Young, R.A., Jaenisch, R. 'Editing DNA Methylation in the Mammalian Genome'. *Cell* (22 September 2016); 167(1): 233–247. e17.

第十章　名和利

1. https://www.scientificamerican.com/article/disputed-crispr-patents-stay-with-broad-institute-u-s-panel-rules/
2. https://www.bionews.org.uk/page_138455
3. https://www.the-scientist.com/the-nutshell/epo-revokes-broads-crispr-patent-30400
4. https://www.statnews.com/2016/08/16/crispr-patent-fight-legal-bills-soaring/

5. https://www.fiercebiotech.com/biotech/editas-commits-125m-to-broad-secure-source-genome-editing-inventions
6. Lander, E.S. 'The Heroes of CRISPR'. *Cell* (14 January 2016); 164(1–2): 18–28.
7. https://www.scientificamerican.com/article/the-embarrassing-destructive-fight-over-biotech-s-big-breakthrough/
8. https://www.scientificamerican.com/article/the-embarrassing-destructive-fight-over-biotech-s-big-breakthrough/
9. https://www.statnews.com/2018/05/31/crispr-scientists-kavli-prize-nanoscience/
10. https://breakthroughprize.org/Laureates/2/P1/Y2015
11. https://gruber.yale.edu/prize/2015-gruber-genetics-prize
12. https://gairdner.org/2016-canada-gairdner-award-winners/
13. https://www.nobelprize.org/prizes/medicine/2012/press-release/

索引

人名

機構與組織

文獻與作品

動植物

專有名詞

疾病

其他

貓頭鷹書房 275

竄改基因：改寫人類未來的 CRISPR 和基因編輯

作　　者　奈莎・卡雷
譯　　者　陸維濃
選書責編　王正緯
編輯協力　王詠萱
校　　對　林昌榮
版面構成　張靜怡
封面設計　廖勁智
行銷統籌　張瑞芳
行銷專員　段人涵
總 編 輯　謝宜英
出 版 者　貓頭鷹出版

發 行 人　涂玉雲
發　　行　英屬蓋曼群島商家庭傳媒股份有限公司城邦分公司
　　　　　104 台北市中山區民生東路二段 141 號 11 樓
　　　　　劃撥帳號：19863813；戶名：書虫股份有限公司
城邦讀書花園：www.cite.com.tw　購書服務信箱：service@readingclub.com.tw
購書服務專線：02-2500-7718~9（周一至周五上午 09:30-12:00；下午 13:30-17:00）
24 小時傳真專線：02-2500-1990~1
香港發行所　城邦（香港）出版集團／電話：852-2877-8606 ／傳真：852-2578-9337
馬新發行所　城邦（馬新）出版集團／電話：603-9056-3833 ／傳真：603-9057-6622
印 製 廠　中原造像股份有限公司
初　　版　2022 年 2 月
定　　價　新台幣 420 元／港幣 140 元（紙本平裝）
　　　　　新台幣 294（電子書）
I S B N　978-986-262-528-6（紙本平裝）
　　　　　978-986-262-530-9（電子書 EPUB）

讀者意見信箱　owl@cph.com.tw
投稿信箱　owl.book@gmail.com
貓頭鷹臉書　facebook.com/owlpublishing

【大量採購，請洽專線】(02) 2500-1919

城邦讀書花園
www.cite.com.tw

國家圖書館出版品預行編目資料

竄改基因：改寫人類未來的 CRISPR 和基因編輯／奈莎・卡雷著（Nessa Carey）作；陸維濃譯 . -- 初版 . -- 臺北市：貓頭鷹出版：英屬蓋曼群島商家庭傳媒股份有限公司城邦分公司發行 , 2022.02
　面；　公分 . --（貓頭鷹書房；275）
譯自：Hacking the code of life: how gene editing will rewrite our futures
ISBN 978-986-262-528-6（平裝）

1. 基因組　2. 遺傳工程

363.81　　110021235